がんばり2年生
学しゅう記ろくひょう

名前

JN028741

1	2	3	4	5		8
9	10	11	12	13	14	15	16
17	18	19	20	21	22	23	24
25	26	27	28	29	30	31	32
33	34	35	36	37	38	39	40
41	42	43	44	45	46		

1さつ ぜんぶ おわったら、
ここに 大きな シールを
はりましょう。

あなたは
「くもんの小学ドリル 算数 2年生かけ算」を、
さいごまで やりとげました。
すばらしいです！
これからも がんばってください。

むずかしさ
★ ★ ★

| 月 日 | 名まえ | はじめ じ ふん おわり じ ふん |

1 けいさんを しましょう。　　　　　　〔1もん 3てん〕

❶ 2＋2＝　　　　　❺ 6＋6＝

❷ 3＋3＝　　　　　❻ 4＋4＝

❸ 7＋7＝　　　　　❼ 8＋8＝

❹ 5＋5＝　　　　　❽ 9＋9＝

2 けいさんを しましょう。　　　　　　〔1もん 3てん〕

❶ 2＋2＋2＝　　　　❹ 6＋6＋6＝

❷ 3＋3＋3＝　　　　❺ 4＋4＋4＝

❸ 7＋7＋7＝　　　　❻ 8＋8＋8＝

3 けいさんを しましょう。　　　　　　〔1もん 4てん〕

❶ 2＋2＋2＋2＝　　　❸ 6＋6＋6＋6＝

❷ 5＋5＋5＋5＝　　　❹ 4＋4＋4＋4＝

©くもん出版

おなじ かずを たくさん たして いく れんしゅうを
しよう。

1

4 けいさんを しましょう。 〔1もん 3てん〕

① 2＋2＋2＝

② 2＋2＋2＋2＝

③ 2＋2＋2＋2＋2＝

④ 2＋2＋2＋2＋2＋2＝

⑤ 2＋2＋2＋2＋2＋2＋2＝

⑥ 2＋2＋2＋2＋2＋2＋2＋2＝

⑦ 2＋2＋2＋2＋2＋2＋2＋2＋2＝

⑧ 3＋3＋3＝

⑨ 3＋3＋3＋3＝

⑩ 3＋3＋3＋3＋3＝

⑪ 3＋3＋3＋3＋3＋3＝

⑫ 3＋3＋3＋3＋3＋3＋3＝

⑬ 3＋3＋3＋3＋3＋3＋3＋3＝

⑭ 3＋3＋3＋3＋3＋3＋3＋3＋3＝

まちがえた もんだいは, もう 一ど
やりなおして みよう。

てん

2 おなじ かずの たしざん(2)

月 日	名まえ		はじめ じ ふん おわり じ ふん

1 けいさんを しましょう。

〔1もん 4てん〕

① $4+4+4=$

② $4+4+4+4=$

③ $4+4+4+4+4=$

④ $4+4+4+4+4+4=$

⑤ $4+4+4+4+4+4+4=$

⑥ $4+4+4+4+4+4+4+4=$

⑦ $5+5+5=$

⑧ $5+5+5+5=$

⑨ $5+5+5+5+5=$

⑩ $5+5+5+5+5+5=$

⑪ $5+5+5+5+5+5+5=$

⑫ $5+5+5+5+5+5+5+5=$

 おなじ かずを たくさん たして いく れんしゅうを しよう。

3

2 けいさんを しましょう。

❶ $6+6+6=$

❷ $6+6+6+6=$

❸ $6+6+6+6+6=$

❹ $6+6+6+6+6+6=$

❺ $6+6+6+6+6+6+6=$

❻ $6+6+6+6+6+6+6+6=$

❼ $7+7+7=$

❽ $7+7+7+7=$

❾ $7+7+7+7+7=$

❿ $7+7+7+7+7+7=$

⓫ $7+7+7+7+7+7+7=$

⓬ $7+7+7+7+7+7+7+7=$

⓭ $7+7+7+7+7+7+7+7+7=$

まちがえた もんだいは, もう 一ど
やりなおして みよう。

4

てん

おなじ かずの たしざん（３）

むずかしさ ★ ★ ★

月　日　名まえ

 はじめ　じ　ふん　 おわり　じ　ふん

1 けいさんを しましょう。　〔1もん　4てん〕

① 8＋8＋8＝

② 8＋8＋8＋8＝

③ 8＋8＋8＋8＋8＝

④ 8＋8＋8＋8＋8＋8＝

⑤ 8＋8＋8＋8＋8＋8＋8＝

⑥ 8＋8＋8＋8＋8＋8＋8＋8＝

⑦ 9＋9＋9＝

⑧ 9＋9＋9＋9＝

⑨ 9＋9＋9＋9＋9＝

⑩ 9＋9＋9＋9＋9＋9＝

⑪ 9＋9＋9＋9＋9＋9＋9＝

⑫ 9＋9＋9＋9＋9＋9＋9＋9＝

おなじ かずを たくさん たして いく れんしゅうを
しよう。

2 けいさんを しましょう。 〔1もん 4てん〕

① 1＋1＋1＝

② 1＋1＋1＋1＝

③ 1＋1＋1＋1＋1＝

④ 1＋1＋1＋1＋1＋1＝

⑤ 1＋1＋1＋1＋1＋1＋1＝

3 けいさんを しましょう。 〔1もん 4てん〕

① 2＋2＋2＋2＋2＝

② 3＋3＋3＋3＝

③ 4＋4＋4＋4＋4＋4＝

④ 5＋5＋5＋5＋5＝

⑤ 6＋6＋6＋6＋6＋6＝

⑥ 7＋7＋7＋7＋7＝

⑦ 8＋8＋8＋8＝

⑧ 9＋9＋9＋9＋9＝

まちがえた もんだいは, もう 一ど
やりなおして みよう。

6

てん

1 つぎの けいさんを しましょう。 〔1もん 4てん〕

① 3＋3＋3＝

② 5＋5＋5＋5＝

③ 4＋4＋4＋4＝

④ 7＋7＋7＋7＋7＝

⑤ 2＋2＋2＋2＋2＋2＝

⑥ 6＋6＋6＝

⑦ 5＋5＋5＋5＋5＋5＋5＝

⑧ 4＋4＋4＝

⑨ 8＋8＋8＋8＋8＝

⑩ 1＋1＋1＋1＋1＋1＝

⑪ 3＋3＋3＋3＋3＝

⑫ 5＋5＋5＋5＋5＝

⑬ 9＋9＋9＋9＋9＋9＝

2 つぎの けいさんを しましょう。 〔1もん 4てん〕

① 8＋8＋8＝

② 5＋5＋5＋5＋5＋5＝

③ 3＋3＋3＋3＋3＋3＋3＋3＋3＝

④ 2＋2＋2＋2＋2＋2＋2＝

⑤ 6＋6＋6＋6＝

⑥ 4＋4＋4＋4＋4＝

⑦ 7＋7＋7＋7＝

⑧ 3＋3＋3＋3＝

⑨ 8＋8＋8＋8＋8＝

⑩ 9＋9＋9＋9＋9＋9＋9＋9＋9＝

⑪ 7＋7＋7＋7＋7＋7＋7＝

⑫ 6＋6＋6＋6＋6＋6＋6＋6＝

てんすうを つけてから, 93ページの アドバイスを よもう。

©くもん出版

てん

8

5 2のだんの 九九（1）

むずかしさ ★★☆

月　　日　名まえ

はじめ　じ　ふん　おわり　じ　ふん

1　□に あてはまる すう字を 入れましょう。

〔1もん　4てん〕

① 2 － 4 － 6 － 8 － □ － □ － □

② 4 － 6 － 8 － 10 － □ － □ － □

③ 6 － 8 － 10 － 12 － □ － □ － □

④ 8 － 10 － 12 － 14 － □ － □ － □

⑤ 10 － 12 － 14 － 16 － □ － □ － □

2　よみながら かきましょう。

〔1もん　1てん〕

① 2×1＝2
に　いち　が　に

② 2×2＝4
に　にん　が　し

③ 2×3＝6
に　さん　が　ろく

④ 2×4＝8
に　し　が　はち

⑤ 2×5＝10
に　ご　じゅう

⑥ 2×6＝12
に　ろく　じゅうに

⑦ 2×7＝14
に　しち　じゅうし

⑧ 2×8＝16
に　はち　じゅうろく

⑨ 2×9＝18
に　く　じゅうはち

おぼえておこう

2のだんの 九九

2×1＝2　にいち が に
2×2＝4　ににん が し
2×3＝6　にさん が ろく
2×4＝8　にし が はち
2×5＝10　にご じゅう
2×6＝12　にろく じゅうに
2×7＝14　にしち じゅうし
2×8＝16　にはち じゅうろく
2×9＝18　にく じゅうはち

©くもん出版

2のだんの 九九を おぼえよう。

9

3 □の 中に すう字を 入れましょう。 〔1もん 2てん〕

① 2×1＝□
に いち が に

② 2×2＝□
に にん が し

③ 2×3＝□
に さん が ろく

④ 2×4＝□
に し が はち

⑤ 2×5＝□
に ご じゅう

⑥ 2×6＝□
に ろく じゅうに

⑦ 2×7＝□
に しち じゅうし

⑧ 2×8＝□
に はち じゅうろく

⑨ 2×9＝□
に く じゅうはち

⑩ 2×3＝□
に さん が ろく

4 かけざんを しましょう。 〔1もん 3てん〕

① 2×1＝

② 2×2＝

③ 2×3＝

④ 2×4＝

⑤ 2×5＝

⑥ 2×6＝

⑦ 2×7＝

⑧ 2×8＝

⑨ 2×9＝

⑩ 2×3＝

⑪ 2×5＝

⑫ 2×7＝

⑬ 2×9＝

⑭ 2×2＝

⑮ 2×4＝

⑯ 2×6＝

⑰ 2×8＝

10

まちがえた もんだいは, もう 一ど
やりなおして みよう。

□ てん

むずかしさ
★ ★ ☆

| 月 日 | 名まえ | はじめ じ ふん おわり じ ふん |

1 □の 中に すう字を 入れましょう。　〔1もん　1てん〕

❶ 2 × □ = □
に　いち　が　に

❷ 2 × □ = □
に　にん　が　し

❸ 2 × □ = □
に　さん　が　ろく

❹ 2 × □ = □
に　し　が　はち

❺ 2 × □ = □
に　ご　じゅう

❻ □ × □ = □
に　ろく　じゅうに

❼ □ × □ = □
に　しち　じゅうし

❽ □ × □ = □
に　はち　じゅうろく

❾ □ × □ = □
に　く　じゅうはち

❿ □ × □ = □
に　にん　が　し

2 かけざんを しましょう。　〔1もん　2てん〕

❶ 2×5＝

❷ 2×6＝

❸ 2×7＝

❹ 2×1＝

❺ 2×2＝

❻ 2×3＝

❼ 2×4＝

❽ 2×7＝

❾ 2×8＝

❿ 2×9＝

⓫ 2×4＝

⓬ 2×3＝

⓭ 2×2＝

⓮ 2×1＝

⓯ 2×9＝

⓰ 2×8＝

⓱ 2×7＝

⓲ 2×6＝

⓳ 2×5＝

⓴ 2×4＝

2のだんの 九九を おぼえよう。

3 □の 中に すう字を 入れましょう。　〔1もん　1てん〕

① □ × □ = □
に　　にん　が　し

② □ × □ = □
に　　ろく　じゅうに

③ □ × □ = □
に　　はち　じゅうろく

④ □ × □ = □
に　　いち　が　に

⑤ □ × □ = □
に　　さん　が　ろく

⑥ □ × □ = □
に　　ご　じゅう

⑦ □ × □ = □
に　　く　じゅうはち

⑧ □ × □ = □
に　　しち　じゅうし

⑨ □ × □ = □
に　　し　が　はち

⑩ □ × □ = □
に　　ろく　じゅうに

4 かけざんを しましょう。　〔1もん　2てん〕

① 2 × 2 =

② 2 × 4 =

③ 2 × 6 =

④ 2 × 8 =

⑤ 2 × 1 =

⑥ 2 × 3 =

⑦ 2 × 5 =

⑧ 2 × 7 =

⑨ 2 × 9 =

⑩ 2 × 8 =

⑪ 2 × 6 =

⑫ 2 × 4 =

⑬ 2 × 2 =

⑭ 2 × 9 =

⑮ 2 × 7 =

⑯ 2 × 5 =

⑰ 2 × 3 =

⑱ 2 × 1 =

⑲ 2 × 9 =

⑳ 2 × 8 =

まちがえた もんだいは, もう 一ど
やりなおして みよう。

□ てん

7 2のだんの 九九（3）

むすかしさ ★★☆

| 月 日 | 名まえ | はじめ じ ふん おわり じ ふん |

1 □の 中に すう字を 入れましょう。　〔1もん 1てん〕

❶ □ × □ = □
　に　ご

❷ □ × □ = □
　に　さん　が

❸ □ × □ = □
　に　はち

❹ □ × □ = □
　に　にん　が

❺ □ × □ = □
　に　く

❻ □ × □ = □
　に　しち

❼ □ × □ = □
　に　ろく

❽ □ × □ = □
　に　いち　が

❾ □ × □ = □
　に　し　が

❿ □ × □ = □
　に　はち

2 かけざんを しましょう。　〔1もん 2てん〕

❶ 2×3＝

❷ 2×4＝

❸ 2×5＝

❹ 2×1＝

❺ 2×2＝

❻ 2×7＝

❼ 2×8＝

❽ 2×9＝

❾ 2×7＝

❿ 2×5＝

⓫ 2×3＝

⓬ 2×8＝

⓭ 2×6＝

⓮ 2×4＝

⓯ 2×3＝

⓰ 2×2＝

⓱ 2×1＝

⓲ 2×0＝0
　に　れい　が　れい

⓳ 2×2＝

⓴ 2×4＝

⓲どんな かずに 0を かけても こたえは 0です。

3 かけざんを しましょう。 〔1もん 2てん〕

① 2 × 8 =   ⑧ 2 × 3 =   ⑮ 2 × 5 =

② 2 × 3 =   ⑨ 2 × 7 =   ⑯ 2 × 1 =

③ 2 × 1 =   ⑩ 2 × 5 =   ⑰ 2 × 4 =

④ 2 × 6 =   ⑪ 2 × 8 =   ⑱ 2 × 6 =

⑤ 2 × 9 =   ⑫ 2 × 0 =   ⑲ 2 × 3 =

⑥ 2 × 4 =   ⑬ 2 × 9 =   ⑳ 2 × 7 =

⑦ 2 × 2 =   ⑭ 2 × 6 =

4 □に あてはまる すう字を 入れましょう。

〔1もん 1てん〕

① 2 × □ = 2   ⑥ 2 × □ = 12

② 2 × □ = 4   ⑦ 2 × □ = 14

③ 2 × □ = 6   ⑧ 2 × □ = 16

④ 2 × □ = 8   ⑨ 2 × □ = 18

⑤ 2 × □ = 10   ⑩ 2 × □ = 6

こたえを かきおわったら, 見なおしを
しよう。まちがいが なくなるよ。

□ てん

14

8 3のだんの 九九（1）

月 日	名まえ

むすかしさ ★★☆

はじめ じ ふん おわり じ ふん

1 □に あてはまる すう字を 入れましょう。

〔1もん 4てん〕

❶ 3 － 6 － 9 － 12 － □ － □ － □

❷ 6 － 9 － 12 － 15 － □ － □ － □

❸ 9 － 12 － 15 － 18 － □ － □ － □

❹ 12 － 15 － 18 － 21 － □ － □ － □

❺ 15 － 18 － 21 － 24 － □ － □ － □

2 よみながら かきましょう。

〔1もん 1てん〕

❶ 3×1＝3
　　さん　いち　が　さん

❷ 3×2＝6
　　さん　に　が　ろく

❸ 3×3＝9
　　さ　ざん　が　く

❹ 3×4＝12
　　さん　し　じゅうに

❺ 3×5＝15
　　さん　ご　じゅうご

❻ 3×6＝18
　　さぶ　ろく　じゅうはち

❼ 3×7＝21
　　さん　しち　にじゅういち

❽ 3×8＝24
　　さん　ぱ　にじゅうし

❾ 3×9＝27
　　さん　く　にじゅうしち

おぼえておこう

3のだんの 九九

3×1＝3	さんいち が さん
3×2＝6	さんに が ろく
3×3＝9	さざん が く
3×4＝12	さんし じゅうに
3×5＝15	さんご じゅうご
3×6＝18	さぶろく じゅうはち
3×7＝21	さんしち にじゅういち
3×8＝24	さんぱ にじゅうし
3×9＝27	さんく にじゅうしち

©くもん出版

3のだんの 九九を おぼえよう。

3 □の 中に すう字を 入れましょう。　〔1もん　2てん〕

1　3 × 1 = □
さん　いち　が　さん

2　3 × 2 = □
さん　に　が　ろく

3　3 × 3 = □
さ　ざん　が　く

4　3 × 4 = □
さん　し　じゅうに

5　3 × 5 = □
さん　ご　じゅうご

6　3 × 6 = □
さぶ　ろく　じゅうはち

7　3 × 7 = □
さん　しち　にじゅういち

8　3 × 8 = □
さん　ば　にじゅうし

9　3 × 9 = □
さん　く　にじゅうしち

10　3 × 4 = □
さん　し　じゅうに

4 かけざんを しましょう。　〔1もん　3てん〕

1　3 × 1 =

2　3 × 2 =

3　3 × 3 =

4　3 × 4 =

5　3 × 5 =

6　3 × 6 =

7　3 × 7 =

8　3 × 8 =

9　3 × 9 =

10　3 × 3 =

11　3 × 5 =

12　3 × 7 =

13　3 × 9 =

14　3 × 2 =

15　3 × 4 =

16　3 × 6 =

17　3 × 8 =

16　まちがえた もんだいは, もう 一ど
やりなおして みよう。

□ てん

むすかしさ ★ ★ ☆

月 日　名まえ

はじめ じ ふん　おわり じ ふん

1 □の 中に すう字を 入れましょう。　〔1もん 1てん〕

❶ 3 × □ = □
さん いち が さん

❷ 3 × □ = □
さん に が ろく

❸ 3 × □ = □
さ ざん が く

❹ 3 × □ = □
さん し じゅうに

❺ 3 × □ = □
さん ご じゅうご

❻ □ × □ = □
さぶ ろく じゅうはち

❼ □ × □ = □
さん しち にじゅういち

❽ □ × □ = □
さん ぱ にじゅうし

❾ □ × □ = □
さん く にじゅうしち

❿ □ × □ = □
さん に が ろく

2 かけざんを しましょう。　〔1もん 2てん〕

❶ 3 × 5 =

❷ 3 × 6 =

❸ 3 × 7 =

❹ 3 × 1 =

❺ 3 × 2 =

❻ 3 × 3 =

❼ 3 × 4 =

❽ 3 × 7 =

❾ 3 × 8 =

❿ 3 × 9 =

⓫ 3 × 4 =

⓬ 3 × 3 =

⓭ 3 × 2 =

⓮ 3 × 1 =

⓯ 3 × 9 =

⓰ 3 × 8 =

⓱ 3 × 7 =

⓲ 3 × 6 =

⓳ 3 × 5 =

⓴ 3 × 4 =

©くもん出版

3のだんの 九九を おぼえよう。

17

3 □の 中に すう字を 入れましょう。　〔1もん　1てん〕

① 3 × □ = □
さん　　に　　が　　ろく

⑥ □ × □ = □
さん　　ご　　　じゅうご

② □ × □ = □
さぶ　　ろく　　じゅうはち

⑦ □ × □ = □
さん　　く　　にじゅうしち

③ □ × □ = □
さん　　ぱ　　にじゅうし

⑧ □ × □ = □
さん　　しち　　にじゅういち

④ □ × □ = □
さん　いち　が　さん

⑨ □ × □ = □
さん　　し　　じゅうに

⑤ □ × □ = □
さ　ざん　が　く

⑩ □ × □ = □
さぶ　　ろく　　じゅうはち

4 かけざんを しましょう。　〔1もん　2てん〕

① 3 × 2 =

⑧ 3 × 7 =

⑮ 3 × 7 =

② 3 × 4 =

⑨ 3 × 9 =

⑯ 3 × 5 =

③ 3 × 6 =

⑩ 3 × 8 =

⑰ 3 × 3 =

④ 3 × 8 =

⑪ 3 × 6 =

⑱ 3 × 1 =

⑤ 3 × 1 =

⑫ 3 × 4 =

⑲ 3 × 9 =

⑥ 3 × 3 =

⑬ 3 × 2 =

⑳ 3 × 8 =

⑦ 3 × 5 =

⑭ 3 × 9 =

まちがえた　もんだいは，もう　一ど
やりなおして　みよう。

18

□ てん

10 3のだんの 九九（3）

1 □の 中に すう字を 入れましょう。　〔1もん 1てん〕

❶ □ × □ = □
　さん　　ご

❷ □ × □ = □
　さ　　ざん　が

❸ □ × □ = □
　さん　　ぱ

❹ □ × □ = □
　さん　　に　が

❺ □ × □ = □
　さん　　く

❻ □ × □ = □
　さん　　しち

❼ □ × □ = □
　さぶ　　ろく

❽ □ × □ = □
　さん　いち　が

❾ □ × □ = □
　さん　　し

❿ □ × □ = □
　さん　　ぱ

2 かけざんを しましょう。　〔1もん 2てん〕

❶ 3 × 3 =
❷ 3 × 4 =
❸ 3 × 5 =
❹ 3 × 1 =
❺ 3 × 2 =
❻ 3 × 7 =
❼ 3 × 8 =

❽ 3 × 9 =
❾ 3 × 7 =
❿ 3 × 5 =
⓫ 3 × 3 =
⓬ 3 × 8 =
⓭ 3 × 6 =
⓮ 3 × 4 =

⓯ 3 × 3 =
⓰ 3 × 2 =
⓱ 3 × 1 =
⓲ 3 × 0 =
　　さん　れい　が　れい
⓳ 3 × 2 =
⓴ 3 × 4 =

©くもん出版

3のだんの 九九を おぼえよう。

19

3 かけざんを しましょう。

〔1もん 2てん〕

❶ 3×8＝ 　　❽ 3×3＝ 　　⑮ 3×5＝

❷ 3×3＝ 　　❾ 3×7＝ 　　⑯ 3×1＝

❸ 3×1＝ 　　❿ 3×5＝ 　　⑰ 3×4＝

❹ 3×6＝ 　　⓫ 3×8＝ 　　⑱ 3×6＝

❺ 3×9＝ 　　⓬ 3×0＝ 　　⑲ 3×3＝

❻ 3×4＝ 　　⓭ 3×9＝ 　　⑳ 3×7＝

❼ 3×2＝ 　　⓮ 3×6＝

4 □に あてはまる すう字を 入れましょう。

〔1もん 1てん〕

❶ 3×□＝3 　　　　❻ 3×□＝18

❷ 3×□＝6 　　　　❼ 3×□＝21

❸ 3×□＝9 　　　　❽ 3×□＝24

❹ 3×□＝12 　　　❾ 3×□＝27

❺ 3×□＝15 　　　❿ 3×□＝9

こたえを かきおわったら，見なおしを
しよう。まちがいが なくなるよ。

□ てん

2～3のだんの 九九

月　　日　名まえ

はじめ　じ　ふん　おわり　じ　ふん

1 けいさんを しましょう。　　　　　　　　〔1もん 2てん〕

① 2×4＝　　　⑧ 2×9＝　　　⑮ 2×1＝

② 2×5＝　　　⑨ 2×8＝　　　⑯ 2×2＝

③ 2×6＝　　　⑩ 2×7＝　　　⑰ 2×3＝

④ 3×6＝　　　⑪ 2×6＝　　　⑱ 3×6＝

⑤ 3×7＝　　　⑫ 3×3＝　　　⑲ 3×5＝

⑥ 3×8＝　　　⑬ 3×2＝　　　⑳ 3×4＝

⑦ 3×9＝　　　⑭ 3×1＝

2 □に あてはまる すう字を 入れましょう。

〔1もん 1てん〕

① 2×□＝6　　　⑥ 2×□＝18

② 2×□＝8　　　⑦ 2×□＝16

③ 2×□＝10　　　⑧ 3×□＝21

④ 3×□＝3　　　⑨ 3×□＝18

⑤ 3×□＝6　　　⑩ 3×□＝15

©くもん出版

2のだんと 3のだんの 九九を おもいだそう。

21

3 けいさんを しましょう。 〔1もん 2てん〕

① $3 \times 5 =$ ⑧ $2 \times 6 =$ ⑮ $3 \times 2 =$

② $2 \times 0 =$ ⑨ $3 \times 3 =$ ⑯ $2 \times 9 =$

③ $2 \times 2 =$ ⑩ $3 \times 7 =$ ⑰ $3 \times 1 =$

④ $3 \times 8 =$ ⑪ $2 \times 4 =$ ⑱ $2 \times 3 =$

⑤ $2 \times 1 =$ ⑫ $3 \times 0 =$ ⑲ $2 \times 7 =$

⑥ $3 \times 4 =$ ⑬ $2 \times 5 =$ ⑳ $3 \times 6 =$

⑦ $3 \times 9 =$ ⑭ $2 \times 8 =$

4 □に あてはまる すう字を 入れましょう。

〔1もん 1てん〕

① $2 \times \square = 12$ ⑥ $3 \times \square = 0$

② $3 \times \square = 9$ ⑦ $2 \times \square = 4$

③ $2 \times \square = 2$ ⑧ $3 \times \square = 27$

④ $3 \times \square = 24$ ⑨ $2 \times \square = 14$

⑤ $2 \times \square = 18$ ⑩ $3 \times \square = 12$

まちがえた もんだいは, もう 一ど
やりなおして みよう。

□ てん

月 日 名まえ

はじめ じ ふん おわり じ ふん

1 □に あてはまる すう字を 入れましょう。

〔1もん 4てん〕

① 4 ― 8 ― 12 ― 16 ― □ ― □ ― □

② 8 ― 12 ― 16 ― 20 ― □ ― □ ― □

③ 12 ― 16 ― 20 ― 24 ― □ ― □ ― □

④ 16 ― 20 ― 24 ― 28 ― □ ― □ ― □

⑤ 20 ― 24 ― 28 ― 32 ― □ ― □ ― □

2 よみながら かきましょう。

〔1もん 1てん〕

① 4 × 1 = 4
し いち が し

② 4 × 2 = 8
し に が はち

③ 4 × 3 = 12
し さん じゅうに

④ 4 × 4 = 16
し し じゅうろく

⑤ 4 × 5 = 20
し ご にじゅう

⑥ 4 × 6 = 24
し ろく にじゅうし

⑦ 4 × 7 = 28
し しち にじゅうはち

⑧ 4 × 8 = 32
し は さんじゅうに

⑨ 4 × 9 = 36
し く さんじゅうろく

おぼえておこう

4のだんの 九九

4 × 1 = 4　しいち が し
4 × 2 = 8　しに が はち
4 × 3 = 12　しさん じゅうに
4 × 4 = 16　しし じゅうろく
4 × 5 = 20　しご にじゅう
4 × 6 = 24　しろく にじゅうし
4 × 7 = 28　ししち にじゅうはち
4 × 8 = 32　しは さんじゅうに
4 × 9 = 36　しく さんじゅうろく

©くもん出版

4のだんの 九九を おぼえよう。

3 □の 中に すう字を 入れましょう。 〔1もん 2てん〕

1 $4 \times 1 = \boxed{}$
し いち が し

6 $4 \times 6 = \boxed{}$
し ろく にじゅうし

2 $4 \times 2 = \boxed{}$
し に が はち

7 $4 \times 7 = \boxed{}$
し しち にじゅうはち

3 $4 \times 3 = \boxed{}$
し さん じゅうに

8 $4 \times 8 = \boxed{}$
し は さんじゅうに

4 $4 \times 4 = \boxed{}$
し し じゅうろく

9 $4 \times 9 = \boxed{}$
し く さんじゅうろく

5 $4 \times 5 = \boxed{}$
し ご にじゅう

10 $4 \times 2 = \boxed{}$
し に が はち

4 かけざんを しましょう。 〔1もん 3てん〕

1 $4 \times 1 =$

7 $4 \times 7 =$

13 $4 \times 9 =$

2 $4 \times 2 =$

8 $4 \times 8 =$

14 $4 \times 2 =$

3 $4 \times 3 =$

9 $4 \times 9 =$

15 $4 \times 4 =$

4 $4 \times 4 =$

10 $4 \times 3 =$

16 $4 \times 6 =$

5 $4 \times 5 =$

11 $4 \times 5 =$

17 $4 \times 8 =$

6 $4 \times 6 =$

12 $4 \times 7 =$

24

まちがえた もんだいは, もう 一ど
やりなおして みよう。

$\boxed{}$ てん

13 4のだんの 九九（2）

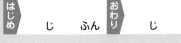

月 日	名まえ	はじめ じ ふん おわり じ ふん

1 □の 中に すう字を 入れましょう。 〔1もん 1てん〕

❶ 4 × □ = □
し いち が し

❷ 4 × □ = □
し に が はち

❸ 4 × □ = □
し さん じゅうに

❹ 4 × □ = □
し し じゅうろく

❺ 4 × □ = □
し ご にじゅう

❻ □ × □ = □
し ろく にじゅうし

❼ □ × □ = □
し しち にじゅうはち

❽ □ × □ = □
し は さんじゅうに

❾ □ × □ = □
し く さんじゅうろく

❿ □ × □ = □
し さん じゅうに

2 かけざんを しましょう。 〔1もん 2てん〕

❶ 4 × 5 =

❷ 4 × 6 =

❸ 4 × 7 =

❹ 4 × 1 =

❺ 4 × 2 =

❻ 4 × 3 =

❼ 4 × 4 =

❽ 4 × 7 =

❾ 4 × 8 =

❿ 4 × 9 =

⓫ 4 × 4 =

⓬ 4 × 3 =

⓭ 4 × 2 =

⓮ 4 × 1 =

⓯ 4 × 9 =

⓰ 4 × 8 =

⓱ 4 × 7 =

⓲ 4 × 6 =

⓳ 4 × 5 =

⓴ 4 × 4 =

©くもん出版

4のだんの 九九を おぼえよう。

25

3 □の 中に すう字を 入れましょう。 〔1もん 1てん〕

① $\boxed{4} \times \boxed{} = \boxed{}$
し　　さん　　じゅうに

⑥ $\boxed{} \times \boxed{} = \boxed{}$
し　　く　　さんじゅうろく

② $\boxed{} \times \boxed{} = \boxed{}$
し　　ろく　　にじゅうし

⑦ $\boxed{} \times \boxed{} = \boxed{}$
し　　し　　じゅうろく

③ $\boxed{} \times \boxed{} = \boxed{}$
し　　は　　さんじゅうに

⑧ $\boxed{} \times \boxed{} = \boxed{}$
し　　しち　　にじゅうはち

④ $\boxed{} \times \boxed{} = \boxed{}$
し　　に　　が　　はち

⑨ $\boxed{} \times \boxed{} = \boxed{}$
し　　ご　　にじゅう

⑤ $\boxed{} \times \boxed{} = \boxed{}$
し　　いち　　が　　し

⑩ $\boxed{} \times \boxed{} = \boxed{}$
し　　ろく　　にじゅうし

4 かけざんを しましょう。 〔1もん 2てん〕

① $4 \times 2 =$

⑧ $4 \times 7 =$

⑮ $4 \times 7 =$

② $4 \times 4 =$

⑨ $4 \times 9 =$

⑯ $4 \times 5 =$

③ $4 \times 6 =$

⑩ $4 \times 8 =$

⑰ $4 \times 3 =$

④ $4 \times 8 =$

⑪ $4 \times 6 =$

⑱ $4 \times 1 =$

⑤ $4 \times 1 =$

⑫ $4 \times 4 =$

⑲ $4 \times 4 =$

⑥ $4 \times 3 =$

⑬ $4 \times 2 =$

⑳ $4 \times 8 =$

⑦ $4 \times 5 =$

⑭ $4 \times 9 =$

まちがえた もんだいは, もう 一ど
やりなおして みよう。

26

$\boxed{}$ てん

14 4のだんの 九九（3）

| 月 日 | 名まえ | | はじめ じ ふん おわり じ ふん |

1 □の 中に すう字を 入れましょう。 〔1もん 1てん〕

❶ □ × □ = □
し　　は

❷ □ × □ = □
し　　さん

❸ □ × □ = □
し　　し

❹ □ × □ = □
し　　に　が

❺ □ × □ = □
し　　く

❻ □ × □ = □
し　　しち

❼ □ × □ = □
し　　ろく

❽ □ × □ = □
し　　いち　が

❾ □ × □ = □
し　　し

❿ □ × □ = □
し　　ご

2 かけざんを しましょう。 〔1もん 2てん〕

❶ 4 × 3 =

❷ 4 × 4 =

❸ 4 × 5 =

❹ 4 × 1 =

❺ 4 × 2 =

❻ 4 × 7 =

❼ 4 × 8 =

❽ 4 × 9 =

❾ 4 × 7 =

❿ 4 × 5 =

⓫ 4 × 3 =

⓬ 4 × 8 =

⓭ 4 × 6 =

⓮ 4 × 4 =

⓯ 4 × 3 =

⓰ 4 × 2 =

⓱ 4 × 1 =

⓲ 4 × 0 =

⓳ 4 × 2 =

⓴ 4 × 4 =

4のだんの 九九を おぼえよう。

3 かけざんを しましょう。 〔1もん 2てん〕

① 4 × 7 =   ⑧ 4 × 1 =   ⑮ 4 × 5 =

② 4 × 2 =   ⑨ 4 × 9 =   ⑯ 4 × 1 =

③ 4 × 5 =   ⑩ 4 × 6 =   ⑰ 4 × 4 =

④ 4 × 9 =   ⑪ 4 × 3 =   ⑱ 4 × 6 =

⑤ 4 × 8 =   ⑫ 4 × 5 =   ⑲ 4 × 3 =

⑥ 4 × 0 =   ⑬ 4 × 2 =   ⑳ 4 × 8 =

⑦ 4 × 4 =   ⑭ 4 × 7 =

4 □に あてはまる すう字を 入れましょう。

〔1もん 1てん〕

① 4 × □ = 4   ⑥ 4 × □ = 24

② 4 × □ = 8   ⑦ 4 × □ = 28

③ 4 × □ = 12   ⑧ 4 × □ = 32

④ 4 × □ = 16   ⑨ 4 × □ = 36

⑤ 4 × □ = 20   ⑩ 4 × □ = 24

こたえを かきおわったら, 見なおしを
しよう。まちがいが なくなるよ。

□ てん

月 日	名まえ	はじめ じ ふん	おわり じ ふん

1 □に あてはまる すう字を 入れましょう。

〔1もん 4てん〕

❶ 5 − 10 − 15 − 20 − □ − □ − □

❷ 10 − 15 − 20 − 25 − □ − □ − □

❸ 15 − 20 − 25 − 30 − □ − □ − □

❹ 20 − 25 − 30 − 35 − □ − □ − □

❺ 25 − 30 − 35 − 40 − □ − □ − □

2 よみながら かきましょう。

〔1もん 1てん〕

❶ 5 × 1 = 5
ご いち が ご

❷ 5 × 2 = 10
ご に じゅう

❸ 5 × 3 = 15
ご さん じゅうご

❹ 5 × 4 = 20
ご し にじゅう

❺ 5 × 5 = 25
ご ご にじゅうご

❻ 5 × 6 = 30
ご ろく さんじゅう

❼ 5 × 7 = 35
ご しち さんじゅうご

❽ 5 × 8 = 40
ご は しじゅう

❾ 5 × 9 = 45
ごっ く しじゅうご

おぼえておこう

5のだんの 九九

5 × 1 = 5　ごいち が ご
5 × 2 = 10　ごに じゅう
5 × 3 = 15　ごさん じゅうご
5 × 4 = 20　ごし にじゅう
5 × 5 = 25　ごご にじゅうご
5 × 6 = 30　ごろく さんじゅう
5 × 7 = 35　ごしち さんじゅうご
5 × 8 = 40　ごは しじゅう
5 × 9 = 45　ごっく しじゅうご

©くもん出版

5のだんの 九九を おぼえよう。

3 □の 中に すう字を 入れましょう。 〔1もん 2てん〕

① 5 × 1 = □
ご いち が ご

② 5 × 2 = □
ご に じゅう

③ 5 × 3 = □
ご さん じゅうご

④ 5 × 4 = □
ご し にじゅう

⑤ 5 × 5 = □
ご ご にじゅうご

⑥ 5 × 6 = □
ご ろく さんじゅう

⑦ 5 × 7 = □
ご しち さんじゅうご

⑧ 5 × 8 = □
ご は しじゅう

⑨ 5 × 9 = □
ごっ く しじゅうご

⑩ 5 × 3 = □
ご さん じゅうご

4 かけざんを しましょう。 〔1もん 3てん〕

① 5 × 1 =

② 5 × 2 =

③ 5 × 3 =

④ 5 × 4 =

⑤ 5 × 5 =

⑥ 5 × 6 =

⑦ 5 × 7 =

⑧ 5 × 8 =

⑨ 5 × 9 =

⑩ 5 × 3 =

⑪ 5 × 5 =

⑫ 5 × 7 =

⑬ 5 × 9 =

⑭ 5 × 2 =

⑮ 5 × 4 =

⑯ 5 × 6 =

⑰ 5 × 8 =

30 まちがえた もんだいは, もう 一ど
やりなおして みよう。

□ てん

16 5のだんの 九九（2）

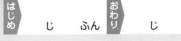

むずかしさ ★ ★ ☆

| 月 日 | 名まえ | はじめ じ ふん | おわり じ ふん |

1 □の 中に すう字を 入れましょう。 〔1もん 1てん〕

❶ $5 \times \boxed{} = \boxed{}$
ご　いち　が　ご

❷ $5 \times \boxed{} = \boxed{}$
ご　に　じゅう

❸ $5 \times \boxed{} = \boxed{}$
ご　さん　じゅうご

❹ $5 \times \boxed{} = \boxed{}$
ご　し　にじゅう

❺ $5 \times \boxed{} = \boxed{}$
ご　ご　にじゅうご

❻ $\boxed{} \times \boxed{} = \boxed{}$
ご　ろく　さんじゅう

❼ $\boxed{} \times \boxed{} = \boxed{}$
ご　しち　さんじゅうご

❽ $\boxed{} \times \boxed{} = \boxed{}$
ご　は　しじゅう

❾ $\boxed{} \times \boxed{} = \boxed{}$
ごっ　く　しじゅうご

❿ $\boxed{} \times \boxed{} = \boxed{}$
ご　さん　じゅうご

2 かけざんを しましょう。 〔1もん 2てん〕

❶ $5 \times 5 =$

❷ $5 \times 6 =$

❸ $5 \times 7 =$

❹ $5 \times 1 =$

❺ $5 \times 2 =$

❻ $5 \times 3 =$

❼ $5 \times 4 =$

❽ $5 \times 7 =$

❾ $5 \times 8 =$

❿ $5 \times 9 =$

⓫ $5 \times 4 =$

⓬ $5 \times 3 =$

⓭ $5 \times 2 =$

⓮ $5 \times 1 =$

⓯ $5 \times 9 =$

⓰ $5 \times 8 =$

⓱ $5 \times 7 =$

⓲ $5 \times 6 =$

⓳ $5 \times 5 =$

⓴ $5 \times 4 =$

5のだんの 九九を おぼえよう。

3 □の 中に すう字を 入れましょう。 〔1もん 1てん〕

① $\boxed{5} \times \boxed{} = \boxed{}$
ご　さん　じゅうご

⑥ $\boxed{} \times \boxed{} = \boxed{}$
ごっ　く　しじゅうご

② $\boxed{} \times \boxed{} = \boxed{}$
ご　ろく　さんじゅう

⑦ $\boxed{} \times \boxed{} = \boxed{}$
ご　し　にじゅう

③ $\boxed{} \times \boxed{} = \boxed{}$
ご　は　しじゅう

⑧ $\boxed{} \times \boxed{} = \boxed{}$
ご　しち　さんじゅうご

④ $\boxed{} \times \boxed{} = \boxed{}$
ご　に　じゅう

⑨ $\boxed{} \times \boxed{} = \boxed{}$
ご　ご　にじゅうご

⑤ $\boxed{} \times \boxed{} = \boxed{}$
ご　いち　が　ご

⑩ $\boxed{} \times \boxed{} = \boxed{}$
ご　ろく　さんじゅう

4 かけざんを しましょう。 〔1もん 2てん〕

① $5 \times 2 =$

⑧ $5 \times 7 =$

⑮ $5 \times 7 =$

② $5 \times 4 =$

⑨ $5 \times 9 =$

⑯ $5 \times 5 =$

③ $5 \times 6 =$

⑩ $5 \times 8 =$

⑰ $5 \times 3 =$

④ $5 \times 8 =$

⑪ $5 \times 6 =$

⑱ $5 \times 1 =$

⑤ $5 \times 1 =$

⑫ $5 \times 4 =$

⑲ $5 \times 4 =$

⑥ $5 \times 3 =$

⑬ $5 \times 2 =$

⑳ $5 \times 8 =$

⑦ $5 \times 5 =$

⑭ $5 \times 9 =$

まちがえた もんだいは, もう 一ど
やりなおして みよう。

$\boxed{}$ てん

17 5のだんの 九九(3)

むずかしさ ★★☆

月　日　名まえ　はじめ　じ　ふん　おわり　じ　ふん

1 □の 中に すう字を 入れましょう。 〔1もん 1てん〕

① □×□＝□ （ご　は）

② □×□＝□ （ご　さん）

③ □×□＝□ （ご　し）

④ □×□＝□ （ご　に）

⑤ □×□＝□ （ごっ　く）

⑥ □×□＝□ （ご　しち）

⑦ □×□＝□ （ご　ろく）

⑧ □×□＝□ （ご　いち　が）

⑨ □×□＝□ （ご　し）

⑩ □×□＝□ （ご　ご）

2 かけざんを しましょう。 〔1もん 2てん〕

① 5×3＝

② 5×4＝

③ 5×5＝

④ 5×1＝

⑤ 5×2＝

⑥ 5×7＝

⑦ 5×8＝

⑧ 5×9＝

⑨ 5×7＝

⑩ 5×5＝

⑪ 5×3＝

⑫ 5×8＝

⑬ 5×6＝

⑭ 5×4＝

⑮ 5×3＝

⑯ 5×2＝

⑰ 5×1＝

⑱ 5×0＝

⑲ 5×2＝

⑳ 5×4＝

5のだんの 九九を おぼえよう。

3 かけざんを しましょう。 〔1もん 2てん〕

① $5 \times 7 =$ **⑧** $5 \times 1 =$ **⑮** $5 \times 5 =$

② $5 \times 2 =$ **⑨** $5 \times 9 =$ **⑯** $5 \times 1 =$

③ $5 \times 5 =$ **⑩** $5 \times 6 =$ **⑰** $5 \times 4 =$

④ $5 \times 9 =$ **⑪** $5 \times 3 =$ **⑱** $5 \times 6 =$

⑤ $5 \times 8 =$ **⑫** $5 \times 5 =$ **⑲** $5 \times 3 =$

⑥ $5 \times 0 =$ **⑬** $5 \times 2 =$ **⑳** $5 \times 8 =$

⑦ $5 \times 4 =$ **⑭** $5 \times 7 =$

4 □に あてはまる すう字を 入れましょう。
〔1もん 1てん〕

① $5 \times \square = 5$ **⑥** $5 \times \square = 30$

② $5 \times \square = 10$ **⑦** $5 \times \square = 35$

③ $5 \times \square = 15$ **⑧** $5 \times \square = 40$

④ $5 \times \square = 20$ **⑨** $5 \times \square = 45$

⑤ $5 \times \square = 25$ **⑩** $5 \times \square = 15$

こたえを かきおわったら, 見なおしを しよう。まちがいが なくなるよ。

34

てん

4〜5のだんの 九九

月 日	名まえ		はじめ じ ふん おわり じ ふん

1 けいさんを しましょう。

〔1もん 2てん〕

① 5×4＝

② 5×5＝

③ 5×6＝

④ 4×6＝

⑤ 4×7＝

⑥ 4×8＝

⑦ 4×9＝

⑧ 5×9＝

⑨ 5×8＝

⑩ 5×7＝

⑪ 5×6＝

⑫ 4×3＝

⑬ 4×2＝

⑭ 4×1＝

⑮ 5×1＝

⑯ 5×2＝

⑰ 5×3＝

⑱ 4×6＝

⑲ 4×5＝

⑳ 4×4＝

2 □に あてはまる すう字を 入れましょう。

〔1もん 1てん〕

① 5×□＝15

② 5×□＝20

③ 5×□＝25

④ 4×□＝4

⑤ 4×□＝8

⑥ 5×□＝45

⑦ 5×□＝40

⑧ 4×□＝28

⑨ 4×□＝24

⑩ 4×□＝20

©くもん出版

4のだんと 5のだんの 九九を おもいだそう。

3 けいさんを しましょう。

〔1もん 2てん〕

① 4×5＝   ⑧ 5×6＝   ⑮ 4×2＝

② 5×0＝   ⑨ 4×3＝   ⑯ 5×9＝

③ 5×2＝   ⑩ 4×7＝   ⑰ 4×1＝

④ 4×8＝   ⑪ 5×4＝   ⑱ 5×3＝

⑤ 5×1＝   ⑫ 4×0＝   ⑲ 5×7＝

⑥ 4×4＝   ⑬ 5×5＝   ⑳ 4×6＝

⑦ 4×9＝   ⑭ 5×8＝

4 □に あてはまる すう字を 入れましょう。

〔1もん 1てん〕

① 5×□＝30   ⑥ 4×□＝16

② 4×□＝12   ⑦ 5×□＝10

③ 5×□＝ 5   ⑧ 4×□＝ 0

④ 4×□＝32   ⑨ 5×□＝35

⑤ 5×□＝45   ⑩ 4×□＝36

まちがえた もんだいは, もう 一ど
やりなおして みよう。

てん

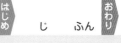
月　　日　名まえ　　　　はじめ　じ　ふん　おわり　じ　ふん

1　けいさんを　しましょう。

〔1もん　2てん〕

① $2 \times 2 =$

② $2 \times 4 =$

③ $2 \times 6 =$

④ $2 \times 5 =$

⑤ $2 \times 7 =$

⑥ $2 \times 9 =$

⑦ $3 \times 3 =$

⑧ $3 \times 5 =$

⑨ $3 \times 7 =$

⑩ $3 \times 4 =$

⑪ $3 \times 6 =$

⑫ $3 \times 8 =$

⑬ $4 \times 2 =$

⑭ $4 \times 4 =$

⑮ $4 \times 6 =$

⑯ $4 \times 8 =$

⑰ $4 \times 5 =$

⑱ $4 \times 7 =$

⑲ $4 \times 9 =$

⑳ $5 \times 8 =$

㉑ $5 \times 6 =$

㉒ $5 \times 4 =$

㉓ $5 \times 9 =$

㉔ $5 \times 7 =$

㉕ $5 \times 5 =$

©くもん出版

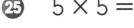
2のだんから　5のだんまでの　九九を　おもいだそう。

2 けいさんを しましょう。

❶ $2 \times 9 =$

❷ $3 \times 8 =$

❸ $4 \times 7 =$

❹ $5 \times 6 =$

❺ $2 \times 5 =$

❻ $3 \times 4 =$

❼ $4 \times 3 =$

❽ $5 \times 2 =$

❾ $3 \times 7 =$

❿ $5 \times 4 =$

⓫ $2 \times 3 =$

⓬ $4 \times 4 =$

⓭ $3 \times 0 =$

⓮ $5 \times 9 =$

⓯ $2 \times 8 =$

⓰ $4 \times 6 =$

⓱ $5 \times 7 =$

⓲ $4 \times 8 =$

⓳ $3 \times 9 =$

⓴ $2 \times 6 =$

㉑ $4 \times 9 =$

㉒ $3 \times 5 =$

㉓ $2 \times 7 =$

㉔ $5 \times 8 =$

㉕ $3 \times 6 =$

©くもん出版

まちがえた もんだいは, もう 一ど
やりなおして みよう。

てん

38

20 6のだんの 九九(1)

1 □に あてはまる すう字を 入れましょう。

〔1もん 4てん〕

① 6 － 12 － 18 － 24 － □ － □ － □

② 12 － 18 － 24 － 30 － □ － □ － □

③ 18 － 24 － 30 － 36 － □ － □ － □

④ 24 － 30 － 36 － 42 － □ － □ － □

⑤ 30 － 36 － 42 － 48 － □ － □ － □

2 よみながら かきましょう。

〔1もん 1てん〕

① 6 × 1 = 6
ろく いち が ろく

② 6 × 2 = 12
ろく に じゅうに

③ 6 × 3 = 18
ろく さん じゅうはち

④ 6 × 4 = 24
ろく し にじゅうし

⑤ 6 × 5 = 30
ろく ご さんじゅう

⑥ 6 × 6 = 36
ろく ろく さんじゅうろく

⑦ 6 × 7 = 42
ろく しち しじゅうに

⑧ 6 × 8 = 48
ろく は しじゅうはち

⑨ 6 × 9 = 54
ろっ く ごじゅうし

おぼえておこう

6のだんの 九九

6 × 1 = 6 　ろくいち が ろく
6 × 2 = 12 　ろくに じゅうに
6 × 3 = 18 　ろくさん じゅうはち
6 × 4 = 24 　ろくし にじゅうし
6 × 5 = 30 　ろくご さんじゅう
6 × 6 = 36 　ろくろく さんじゅうろく
6 × 7 = 42 　ろくしち しじゅうに
6 × 8 = 48 　ろくは しじゅうはち
6 × 9 = 54 　ろっく ごじゅうし

©くもん出版

 6のだんの 九九を おぼえよう。

3 □の 中に すう字を 入れましょう。　　〔1もん　2てん〕

① $6 \times 1 = \boxed{}$
ろく　　いち　が　　ろく

② $6 \times 2 = \boxed{}$
ろく　　に　　　じゅうに

③ $6 \times 3 = \boxed{}$
ろく　　さん　　じゅうはち

④ $6 \times 4 = \boxed{}$
ろく　　し　　にじゅうし

⑤ $6 \times 5 = \boxed{}$
ろく　　ご　　　さんじゅう

⑥ $6 \times 6 = \boxed{}$
ろく　　ろく　　さんじゅうろく

⑦ $6 \times 7 = \boxed{}$
ろく　　しち　　しじゅうに

⑧ $6 \times 8 = \boxed{}$
ろく　　は　　しじゅうはち

⑨ $6 \times 9 = \boxed{}$
ろっ　　く　　ごじゅうし

⑩ $6 \times 2 = \boxed{}$
ろく　　に　　　じゅうに

4 かけざんを しましょう。　　〔1もん　3てん〕

① $6 \times 1 =$

② $6 \times 2 =$

③ $6 \times 3 =$

④ $6 \times 4 =$

⑤ $6 \times 5 =$

⑥ $6 \times 6 =$

⑦ $6 \times 7 =$

⑧ $6 \times 8 =$

⑨ $6 \times 9 =$

⑩ $6 \times 3 =$

⑪ $6 \times 5 =$

⑫ $6 \times 7 =$

⑬ $6 \times 9 =$

⑭ $6 \times 2 =$

⑮ $6 \times 4 =$

⑯ $6 \times 6 =$

⑰ $6 \times 8 =$

まちがえた もんだいは, もう 一ど
やりなおして みよう。

$\boxed{}$ てん

21 6のだんの 九九（2）

月　日　名まえ

1 □の　中に　すう字を　入れましょう。　〔1もん　1てん〕

① 6 × □ = □
② 6 × □ = □
③ 6 × □ = □
④ 6 × □ = □
⑤ 6 × □ = □

⑥ □ × □ = □
⑦ □ × □ = □
⑧ □ × □ = □
⑨ □ × □ = □
⑩ □ × □ = □

2 かけざんを　しましょう。　〔1もん　2てん〕

① 6×5＝
② 6×6＝
③ 6×7＝
④ 6×1＝
⑤ 6×2＝
⑥ 6×3＝
⑦ 6×4＝

⑧ 6×7＝
⑨ 6×8＝
⑩ 6×9＝
⑪ 6×4＝
⑫ 6×3＝
⑬ 6×2＝
⑭ 6×1＝

⑮ 6×9＝
⑯ 6×8＝
⑰ 6×7＝
⑱ 6×6＝
⑲ 6×5＝
⑳ 6×4＝

©くもん出版

6のだんの　九九を　おぼえよう。

41

3 □の 中に すう字を 入れましょう。　　　〔1もん　1てん〕

1 □ × □ = □
　　ろく　　さん　　じゅうはち

2 □ × □ = □
　　ろく　　ろく　　さんじゅうろく

3 □ × □ = □
　　ろく　　は　　しじゅうはち

4 □ × □ = □
　　ろく　　に　　じゅうに

5 □ × □ = □
　　ろく　　いち　が　ろく

6 □ × □ = □
　　ろっ　　く　　ごじゅうし

7 □ × □ = □
　　ろく　　し　　にじゅうし

8 □ × □ = □
　　ろく　　しち　　しじゅうに

9 □ × □ = □
　　ろく　　ご　　さんじゅう

10 □ × □ = □
　　　ろく　　は　　しじゅうはち

4 かけざんを しましょう。　　　〔1もん　2てん〕

1 6 × 2 =

2 6 × 4 =

3 6 × 6 =

4 6 × 8 =

5 6 × 1 =

6 6 × 3 =

7 6 × 5 =

8 6 × 7 =

9 6 × 9 =

10 6 × 8 =

11 6 × 6 =

12 6 × 4 =

13 6 × 2 =

14 6 × 9 =

15 6 × 7 =

16 6 × 5 =

17 6 × 3 =

18 6 × 1 =

19 6 × 4 =

20 6 × 8 =

42　　まちがえた もんだいは, もう 一ど
　　やりなおして みよう。

□ てん

むずかしさ ★★★

| 月　日 | 名まえ | はじめ　じ　ふん　おわり　じ　ふん |

1　□の　中に　すう字を　入れましょう。　〔1もん　1てん〕

1　□ × □ = □
　　ろく　　ご

2　□ × □ = □
　　ろく　　さん

3　□ × □ = □
　　ろく　　し

4　□ × □ = □
　　ろく　　に

5　□ × □ = □
　　ろっ　　く

6　□ × □ = □
　　ろく　　しち

7　□ × □ = □
　　ろく　　ろく

8　□ × □ = □
　　ろく　いち　が

9　□ × □ = □
　　ろく　　は

10　□ × □ = □
　　ろく　　ご

2　かけざんを　しましょう。　〔1もん　2てん〕

1　6 × 3 =
2　6 × 4 =
3　6 × 5 =
4　6 × 1 =
5　6 × 2 =
6　6 × 7 =
7　6 × 8 =

8　6 × 9 =
9　6 × 7 =
10　6 × 5 =
11　6 × 3 =
12　6 × 8 =
13　6 × 6 =
14　6 × 4 =

15　6 × 3 =
16　6 × 2 =
17　6 × 1 =
18　6 × 0 =
19　6 × 2 =
20　6 × 4 =

©くもん出版

6のだんの　九九を　おぼえよう。

43

3 かけざんを しましょう。 〔1もん 2てん〕

① $6 \times 7 =$ ⑧ $6 \times 1 =$ ⑮ $6 \times 5 =$

② $6 \times 2 =$ ⑨ $6 \times 9 =$ ⑯ $6 \times 1 =$

③ $6 \times 5 =$ ⑩ $6 \times 6 =$ ⑰ $6 \times 4 =$

④ $6 \times 9 =$ ⑪ $6 \times 3 =$ ⑱ $6 \times 6 =$

⑤ $6 \times 8 =$ ⑫ $6 \times 5 =$ ⑲ $6 \times 3 =$

⑥ $6 \times 0 =$ ⑬ $6 \times 2 =$ ⑳ $6 \times 8 =$

⑦ $6 \times 4 =$ ⑭ $6 \times 7 =$

4 □に あてはまる すう字を 入れましょう。

〔1もん 1てん〕

① $6 \times \square = 6$ ⑥ $6 \times \square = 36$

② $6 \times \square = 12$ ⑦ $6 \times \square = 42$

③ $6 \times \square = 18$ ⑧ $6 \times \square = 48$

④ $6 \times \square = 24$ ⑨ $6 \times \square = 54$

⑤ $6 \times \square = 30$ ⑩ $6 \times \square = 18$

44

こたえを かきおわったら, 見なおしを
しよう。まちがいが なくなるよ。

てん

23 7のだんの 九九（1）

月 日	名まえ	 はじめ じ ふん おわり じ ふん

1 □に あてはまる すう字を 入れましょう。

〔1もん 4てん〕

① 7 － 14 － 21 － 28 － □ － □ － □

② 14 － 21 － 28 － 35 － □ － □ － □

③ 21 － 28 － 35 － 42 － □ － □ － □

④ 28 － 35 － 42 － 49 － □ － □ － □

⑤ 35 － 42 － 49 － 56 － □ － □ － □

2 よみながら かきましょう。

〔1もん 1てん〕

① 7×1＝7
　　しち　いち　が　しち

② 7×2＝14
　　しち　に　じゅうし

③ 7×3＝21
　　しち　さん　にじゅういち

④ 7×4＝28
　　しち　し　にじゅうはち

⑤ 7×5＝35
　　しち　ご　さんじゅうご

⑥ 7×6＝42
　　しち　ろく　しじゅうに

⑦ 7×7＝49
　　しち　しち　しじゅうく

⑧ 7×8＝56
　　しち　は　ごじゅうろく

⑨ 7×9＝63
　　しち　く　ろくじゅうさん

おぼえておこう

7のだんの 九九

7×1＝7　　しちいち が しち
7×2＝14　しちに じゅうし
7×3＝21　しちさん にじゅういち
7×4＝28　しちし にじゅうはち
7×5＝35　しちご さんじゅうご
7×6＝42　しちろく しじゅうに
7×7＝49　しちしち しじゅうく
7×8＝56　しちは ごじゅうろく
7×9＝63　しちく ろくじゅうさん

©くもん出版

 7のだんの 九九を おぼえよう。

3 □の 中に すう字を 入れましょう。 〔1もん 2てん〕

① 7 × 1 = □
しち いち が しち

② 7 × 2 = □
しち に じゅうし

③ 7 × 3 = □
しち さん にじゅういち

④ 7 × 4 = □
しち し にじゅうはち

⑤ 7 × 5 = □
しち ご さんじゅうご

⑥ 7 × 6 = □
しち ろく しじゅうに

⑦ 7 × 7 = □
しち しち しじゅうく

⑧ 7 × 8 = □
しち は ごじゅうろく

⑨ 7 × 9 = □
しち く ろくじゅうさん

⑩ 7 × 3 = □
しち さん にじゅういち

4 かけざんを しましょう。 〔1もん 3てん〕

① 7 × 1 =

② 7 × 2 =

③ 7 × 3 =

④ 7 × 4 =

⑤ 7 × 5 =

⑥ 7 × 6 =

⑦ 7 × 7 =

⑧ 7 × 8 =

⑨ 7 × 9 =

⑩ 7 × 3 =

⑪ 7 × 5 =

⑫ 7 × 7 =

⑬ 7 × 9 =

⑭ 7 × 2 =

⑮ 7 × 4 =

⑯ 7 × 6 =

⑰ 7 × 8 =

まちがえた もんだいは, もう 一ど
やりなおして みよう。

□ てん

24 7のだんの 九九(2)

月 日　名まえ　はじめ じ ふん おわり じ ふん

1 □の 中に すう字を 入れましょう。　〔1もん 1てん〕

① □ × □ = □
　しち いち が しち

② □ × □ = □
　しち に じゅうし

③ □ × □ = □
　しち さん にじゅういち

④ □ × □ = □
　しち し にじゅうはち

⑤ □ × □ = □
　しち ご さんじゅうご

⑥ □ × □ = □
　しち ろく しじゅうに

⑦ □ × □ = □
　しち しち しじゅうく

⑧ □ × □ = □
　しち は ごじゅうろく

⑨ □ × □ = □
　しち く ろくじゅうさん

⑩ □ × □ = □
　しち し にじゅうはち

2 かけざんを しましょう。　〔1もん 2てん〕

① 7 × 5 =
② 7 × 6 =
③ 7 × 7 =
④ 7 × 1 =
⑤ 7 × 2 =
⑥ 7 × 3 =
⑦ 7 × 4 =

⑧ 7 × 7 =
⑨ 7 × 8 =
⑩ 7 × 9 =
⑪ 7 × 4 =
⑫ 7 × 3 =
⑬ 7 × 2 =
⑭ 7 × 1 =

⑮ 7 × 9 =
⑯ 7 × 8 =
⑰ 7 × 7 =
⑱ 7 × 6 =
⑲ 7 × 5 =
⑳ 7 × 4 =

7のだんの 九九を おぼえよう。

3 □の 中に すう字を 入れましょう。　　〔1もん　1てん〕

1　$\boxed{7} \times \boxed{} = \boxed{}$
　しち　　さん　　にじゅういち

2　$\boxed{} \times \boxed{} = \boxed{}$
　しち　　ろく　　しじゅうに

3　$\boxed{} \times \boxed{} = \boxed{}$
　しち　　は　　ごじゅうろく

4　$\boxed{} \times \boxed{} = \boxed{}$
　しち　　に　　じゅうし

5　$\boxed{} \times \boxed{} = \boxed{}$
　しち　　いち　が　しち

6　$\boxed{} \times \boxed{} = \boxed{}$
　しち　　く　　ろくじゅうさん

7　$\boxed{} \times \boxed{} = \boxed{}$
　しち　　し　　にじゅうはち

8　$\boxed{} \times \boxed{} = \boxed{}$
　しち　　しち　　しじゅうく

9　$\boxed{} \times \boxed{} = \boxed{}$
　しち　　ご　　さんじゅうご

10　$\boxed{} \times \boxed{} = \boxed{}$
　しち　　は　　ごじゅうろく

4 かけざんを しましょう。　　〔1もん　2てん〕

1　$7 \times 2 =$
2　$7 \times 4 =$
3　$7 \times 6 =$
4　$7 \times 8 =$
5　$7 \times 1 =$
6　$7 \times 3 =$
7　$7 \times 5 =$

8　$7 \times 7 =$
9　$7 \times 9 =$
10　$7 \times 8 =$
11　$7 \times 6 =$
12　$7 \times 4 =$
13　$7 \times 2 =$
14　$7 \times 9 =$

15　$7 \times 7 =$
16　$7 \times 5 =$
17　$7 \times 3 =$
18　$7 \times 1 =$
19　$7 \times 4 =$
20　$7 \times 8 =$

まちがえた もんだいは, もう 一ど
やりなおして みよう。

$\boxed{}$ てん

むずかしさ
★★☆

月　　日　名まえ

はじめ　　じ　ふん　おわり　じ　ふん

1 □の 中に すう字を 入れましょう。　〔1もん　1てん〕

❶ □×□=□
　しち　ご

❷ □×□=□
　しち　さん

❸ □×□=□
　しち　し

❹ □×□=□
　しち　に

❺ □×□=□
　しち　く

❻ □×□=□
　しち　しち

❼ □×□=□
　しち　ろく

❽ □×□=□
　しち　いち　が

❾ □×□=□
　しち　は

❿ □×□=□
　しち　ご

2 かけざんを しましょう。　〔1もん　2てん〕

❶ 7×3＝

❷ 7×4＝

❸ 7×5＝

❹ 7×1＝

❺ 7×2＝

❻ 7×7＝

❼ 7×8＝

❽ 7×9＝

❾ 7×7＝

❿ 7×5＝

⓫ 7×3＝

⓬ 7×8＝

⓭ 7×6＝

⓮ 7×4＝

⓯ 7×3＝

⓰ 7×2＝

⓱ 7×1＝

⓲ 7×0＝

⓳ 7×2＝

⓴ 7×4＝

©くもん出版

7のだんの 九九を おぼえよう。

49

3 かけざんを しましょう。 〔1もん 2てん〕

① $7 \times 7 =$　　⑧ $7 \times 1 =$　　⑮ $7 \times 5 =$

② $7 \times 2 =$　　⑨ $7 \times 9 =$　　⑯ $7 \times 1 =$

③ $7 \times 5 =$　　⑩ $7 \times 6 =$　　⑰ $7 \times 4 =$

④ $7 \times 9 =$　　⑪ $7 \times 3 =$　　⑱ $7 \times 6 =$

⑤ $7 \times 8 =$　　⑫ $7 \times 5 =$　　⑲ $7 \times 3 =$

⑥ $7 \times 0 =$　　⑬ $7 \times 2 =$　　⑳ $7 \times 8 =$

⑦ $7 \times 4 =$　　⑭ $7 \times 7 =$

4 □に あてはまる すう字を 入れましょう。 〔1もん 1てん〕

① $7 \times \square = 7$　　⑥ $7 \times \square = 42$

② $7 \times \square = 14$　　⑦ $7 \times \square = 49$

③ $7 \times \square = 21$　　⑧ $7 \times \square = 56$

④ $7 \times \square = 28$　　⑨ $7 \times \square = 63$

⑤ $7 \times \square = 35$　　⑩ $7 \times \square = 28$

©くもん出版

こたえを かきおわったら, 見なおしを
しよう。まちがいが なくなるよ。

50

□ てん

| 月 | 日 | 名まえ | はじめ | じ | ふん | おわり | じ | ふん |

1 けいさんを しましょう。

〔1もん 2てん〕

① 6 × 4 =　　⑧ 6 × 9 =　　⑮ 6 × 1 =

② 6 × 5 =　　⑨ 6 × 8 =　　⑯ 6 × 2 =

③ 6 × 6 =　　⑩ 6 × 7 =　　⑰ 6 × 3 =

④ 7 × 6 =　　⑪ 6 × 6 =　　⑱ 7 × 6 =

⑤ 7 × 7 =　　⑫ 7 × 3 =　　⑲ 7 × 5 =

⑥ 7 × 8 =　　⑬ 7 × 2 =　　⑳ 7 × 4 =

⑦ 7 × 9 =　　⑭ 7 × 1 =

2 □に あてはまる すう字を 入れましょう。

〔1もん 1てん〕

① 6 × □ =18　　⑥ 6 × □ =54

② 6 × □ =24　　⑦ 6 × □ =48

③ 6 × □ =30　　⑧ 7 × □ =49

④ 7 × □ = 7　　⑨ 7 × □ =42

⑤ 7 × □ =14　　⑩ 7 × □ =35

©くもん出版

6のだんと 7のだんの 九九を おもいだそう。

3 けいさんを しましょう。

〔1もん 2てん〕

① $7 \times 5 =$

② $6 \times 0 =$

③ $6 \times 2 =$

④ $7 \times 8 =$

⑤ $6 \times 1 =$

⑥ $7 \times 4 =$

⑦ $7 \times 9 =$

⑧ $6 \times 6 =$

⑨ $7 \times 3 =$

⑩ $7 \times 7 =$

⑪ $6 \times 4 =$

⑫ $7 \times 0 =$

⑬ $6 \times 5 =$

⑭ $6 \times 8 =$

⑮ $7 \times 2 =$

⑯ $6 \times 9 =$

⑰ $7 \times 1 =$

⑱ $6 \times 3 =$

⑲ $6 \times 7 =$

⑳ $7 \times 6 =$

4 □に あてはまる すう字を 入れましょう。

〔1もん 1てん〕

① $6 \times \Box = 36$

② $7 \times \Box = 56$

③ $6 \times \Box = 6$

④ $7 \times \Box = 21$

⑤ $6 \times \Box = 54$

⑥ $7 \times \Box = 28$

⑦ $6 \times \Box = 12$

⑧ $7 \times \Box = 0$

⑨ $6 \times \Box = 42$

⑩ $7 \times \Box = 63$

まちがえた もんだいは, もう 一ど
やりなおして みよう。

てん

月　日　名まえ

はじめ　じ　ふん　おわり　じ　ふん

1 けいさんを しましょう。

〔1もん 2てん〕

① 2×9＝

② 2×7＝

③ 2×5＝

④ 2×3＝

⑤ 3×8＝

⑥ 3×6＝

⑦ 3×4＝

⑧ 3×2＝

⑨ 4×8＝

⑩ 4×6＝

⑪ 4×4＝

⑫ 4×2＝

⑬ 5×9＝

⑭ 5×7＝

⑮ 5×5＝

⑯ 5×3＝

⑰ 6×2＝

⑱ 6×4＝

⑲ 6×6＝

⑳ 6×8＝

㉑ 7×1＝

㉒ 7×3＝

㉓ 7×5＝

㉔ 7×7＝

㉕ 7×9＝

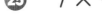
2のだんから 7のだんまでの 九九を おもいだそう。

2 けいさんを しましょう。 〔1もん 2てん〕

① $2 \times 7 =$

② $3 \times 2 =$

③ $4 \times 8 =$

④ $5 \times 5 =$

⑤ $6 \times 9 =$

⑥ $7 \times 4 =$

⑦ $2 \times 6 =$

⑧ $4 \times 3 =$

⑨ $6 \times 7 =$

⑩ $3 \times 5 =$

⑪ $5 \times 9 =$

⑫ $7 \times 3 =$

⑬ $2 \times 8 =$

⑭ $5 \times 4 =$

⑮ $3 \times 6 =$

⑯ $6 \times 0 =$

⑰ $4 \times 5 =$

⑱ $7 \times 7 =$

⑲ $6 \times 4 =$

⑳ $2 \times 9 =$

㉑ $3 \times 8 =$

㉒ $5 \times 3 =$

㉓ $7 \times 1 =$

㉔ $4 \times 6 =$

㉕ $6 \times 2 =$

まちがえた もんだいは, もう 一ど
やりなおして みよう。

てん

8のだんの　九九(1)

月　　日　名まえ　　　　　　　はじめ　　じ　ふん　おわり　じ　ふん

1　□に　あてはまる　すう字を　入れましょう。

〔1もん　4てん〕

❶ 8 － 16 － 24 － 32 － □ － □ － □

❷ 16 － 24 － 32 － 40 － □ － □ － □

❸ 24 － 32 － 40 － 48 － □ － □ － □

❹ 32 － 40 － 48 － 56 － □ － □ － □

❺ 40 － 48 － 56 － 64 － □ － □ － □

2　よみながら　かきましょう。

〔1もん　1てん〕

❶ $8 \times 1 = 8$
　　はち　　いち　が　はち

❷ $8 \times 2 = 16$
　　はち　　に　　じゅうろく

❸ $8 \times 3 = 24$
　　はち　　さん　にじゅうし

❹ $8 \times 4 = 32$
　　はち　　し　さんじゅうに

❺ $8 \times 5 = 40$
　　はち　　ご　　しじゅう

❻ $8 \times 6 = 48$
　　はち　　ろく　しじゅうはち

❼ $8 \times 7 = 56$
　　はち　　しち　ごじゅうろく

❽ $8 \times 8 = 64$
　　はっ　　ぱ　　ろくじゅうし

❾ $8 \times 9 = 72$
　　はっ　　く　　しちじゅうに

おぼえておこう

8のだんの　九九

$8 \times 1 = 8$　　はちいち　が　はち

$8 \times 2 = 16$　はちに　じゅうろく

$8 \times 3 = 24$　はちさん　にじゅうし

$8 \times 4 = 32$　はちし　さんじゅうに

$8 \times 5 = 40$　はちご　しじゅう

$8 \times 6 = 48$　はちろく　しじゅうはち

$8 \times 7 = 56$　はちしち　ごじゅうろく

$8 \times 8 = 64$　はっぱ　ろくじゅうし

$8 \times 9 = 72$　はっく　しちじゅうに

8のだんの　九九を　おぼえよう。

3 □の 中に すう字を 入れましょう。　　〔1もん　2てん〕

❶ 8 × 1 = □
はち　　いち　が　　はち

❷ 8 × 2 = □
はち　　に　　じゅうろく

❸ 8 × 3 = □
はち　　さん　　にじゅうし

❹ 8 × 4 = □
はち　　し　　さんじゅうに

❺ 8 × 5 = □
はち　　ご　　しじゅう

❻ 8 × 6 = □
はち　　ろく　しじゅうはち

❼ 8 × 7 = □
はち　　しち　ごじゅうろく

❽ 8 × 8 = □
はっ　　ぱ　　ろくじゅうし

❾ 8 × 9 = □
はっ　　く　　しちじゅうに

❿ 8 × 3 = □
はち　　さん　にじゅうし

4 かけざんを　しましょう。　　〔1もん　3てん〕

❶ 8 × 1 =

❷ 8 × 2 =

❸ 8 × 3 =

❹ 8 × 4 =

❺ 8 × 5 =

❻ 8 × 6 =

❼ 8 × 7 =

❽ 8 × 8 =

❾ 8 × 9 =

❿ 8 × 3 =

⓫ 8 × 5 =

⓬ 8 × 7 =

⓭ 8 × 9 =

⓮ 8 × 2 =

⓯ 8 × 4 =

⓰ 8 × 6 =

⓱ 8 × 8 =

まちがえた　もんだいは, もう 一ど
やりなおして　みよう。

□ てん

56

29 8のだんの 九九(2)

月　日　名まえ　はじめ　じ　ふん　おわり　じ　ふん

1 □の 中に すう字を 入れましょう。　〔1もん　1てん〕

❶ 8 × □ = □
　はち　いち　が　はち

❷ 8 × □ = □
　はち　に　じゅうろく

❸ 8 × □ = □
　はち　さん　にじゅうし

❹ 8 × □ = □
　はち　し　さんじゅうに

❺ 8 × □ = □
　はち　ご　しじゅう

❻ □ × □ = □
　はち　ろく　しじゅうはち

❼ □ × □ = □
　はち　しち　ごじゅうろく

❽ □ × □ = □
　はっ　ぱ　ろくじゅうし

❾ □ × □ = □
　はっ　く　しちじゅうに

❿ □ × □ = □
　はち　し　さんじゅうに

2 かけざんを しましょう。　〔1もん　2てん〕

❶ 8 × 5 =
❷ 8 × 6 =
❸ 8 × 7 =
❹ 8 × 1 =
❺ 8 × 2 =
❻ 8 × 3 =
❼ 8 × 4 =

❽ 8 × 7 =
❾ 8 × 8 =
❿ 8 × 9 =
⓫ 8 × 4 =
⓬ 8 × 3 =
⓭ 8 × 2 =
⓮ 8 × 1 =

⓯ 8 × 9 =
⓰ 8 × 8 =
⓱ 8 × 7 =
⓲ 8 × 6 =
⓳ 8 × 5 =
⓴ 8 × 4 =

©くもん出版

 8のだんの 九九を おぼえよう。

57

3 □の 中に すう字を 入れましょう。　〔1もん　1てん〕

① $8 \times \square = \square$
はち　　さん　　にじゅうし

② $\square \times \square = \square$
はち　　ろく　　しじゅうはち

③ $\square \times \square = \square$
はっ　　ぱ　　ろくじゅうし

④ $\square \times \square = \square$
はち　　に　　じゅうろく

⑤ $\square \times \square = \square$
はち　　いち　が　はち

⑥ $\square \times \square = \square$
はっ　　く　　しちじゅうに

⑦ $\square \times \square = \square$
はち　　し　　さんじゅうに

⑧ $\square \times \square = \square$
はち　　しち　　ごじゅうろく

⑨ $\square \times \square = \square$
はち　　ご　　しじゅう

⑩ $\square \times \square = \square$
はっ　　ぱ　　ろくじゅうし

4 かけざんを しましょう。　〔1もん　2てん〕

① $8 \times 2 =$　　**⑧** $8 \times 7 =$　　**⑮** $8 \times 7 =$

② $8 \times 4 =$　　**⑨** $8 \times 9 =$　　**⑯** $8 \times 5 =$

③ $8 \times 6 =$　　**⑩** $8 \times 8 =$　　**⑰** $8 \times 3 =$

④ $8 \times 8 =$　　**⑪** $8 \times 6 =$　　**⑱** $8 \times 1 =$

⑤ $8 \times 1 =$　　**⑫** $8 \times 4 =$　　**⑲** $8 \times 4 =$

⑥ $8 \times 3 =$　　**⑬** $8 \times 2 =$　　**⑳** $8 \times 8 =$

⑦ $8 \times 5 =$　　**⑭** $8 \times 9 =$

まちがえた もんだいは, もう 一ど
やりなおして みよう。

□ てん

30 8のだんの 九九(3)

| 月 日 | 名まえ | はじめ じ ふん おわり じ ふん |

1 □の 中に すう字を 入れましょう。　〔1もん 1てん〕

① □ × □ = □
　はち　ご

⑥ □ × □ = □
　はち　しち

② □ × □ = □
　はち　さん

⑦ □ × □ = □
　はち　ろく

③ □ × □ = □
　はち　し

⑧ □ × □ = □
　はち　いち　が

④ □ × □ = □
　はち　に

⑨ □ × □ = □
　はっ　ぱ

⑤ □ × □ = □
　はっ　く

⑩ □ × □ = □
　はち　さん

2 かけざんを しましょう。　〔1もん 2てん〕

① 8 × 3 =
② 8 × 4 =
③ 8 × 5 =
④ 8 × 1 =
⑤ 8 × 2 =
⑥ 8 × 7 =
⑦ 8 × 8 =

⑧ 8 × 9 =
⑨ 8 × 7 =
⑩ 8 × 5 =
⑪ 8 × 3 =
⑫ 8 × 8 =
⑬ 8 × 6 =
⑭ 8 × 4 =

⑮ 8 × 3 =
⑯ 8 × 2 =
⑰ 8 × 1 =
⑱ 8 × 0 =
⑲ 8 × 2 =
⑳ 8 × 4 =

©くもん出版

8のだんの 九九を おぼえよう。

3 かけざんを しましょう。

〔1もん 2てん〕

① $8 \times 7 =$

② $8 \times 2 =$

③ $8 \times 5 =$

④ $8 \times 9 =$

⑤ $8 \times 8 =$

⑥ $8 \times 0 =$

⑦ $8 \times 4 =$

⑧ $8 \times 1 =$

⑨ $8 \times 9 =$

⑩ $8 \times 6 =$

⑪ $8 \times 3 =$

⑫ $8 \times 5 =$

⑬ $8 \times 2 =$

⑭ $8 \times 7 =$

⑮ $8 \times 5 =$

⑯ $8 \times 1 =$

⑰ $8 \times 4 =$

⑱ $8 \times 6 =$

⑲ $8 \times 3 =$

⑳ $8 \times 8 =$

4 □に あてはまる すう字を 入れましょう。

〔1もん 1てん〕

① $8 \times \square = 8$

② $8 \times \square = 16$

③ $8 \times \square = 24$

④ $8 \times \square = 32$

⑤ $8 \times \square = 40$

⑥ $8 \times \square = 48$

⑦ $8 \times \square = 56$

⑧ $8 \times \square = 64$

⑨ $8 \times \square = 72$

⑩ $8 \times \square = 32$

こたえを かきおわったら, 見なおしを
しよう。まちがいが なくなるよ。

てん

31 9のだんの 九九(1)

月　日　名まえ　　　はじめ　じ　ふん　おわり　じ　ふん

1　□に　あてはまる　すう字を　入れましょう。

〔1もん　4てん〕

① 9 － 18 － 27 － 36 － □ － □ － □

② 18 － 27 － 36 － 45 － □ － □ － □

③ 27 － 36 － 45 － 54 － □ － □ － □

④ 36 － 45 － 54 － 63 － □ － □ － □

⑤ 45 － 54 － 63 － 72 － □ － □ － □

2　よみながら　かきましょう。

〔1もん　1てん〕

① 9 × 1 = 9
　く　　いち　が　く

② 9 × 2 = 18
　く　　に　　じゅうはち

③ 9 × 3 = 27
　く　　さん　にじゅうしち

④ 9 × 4 = 36
　く　　し　さんじゅうろく

⑤ 9 × 5 = 45
　く　　ご　しじゅうご

⑥ 9 × 6 = 54
　く　　ろく　ごじゅうし

⑦ 9 × 7 = 63
　く　　しち　ろくじゅうさん

⑧ 9 × 8 = 72
　く　　は　しちじゅうに

⑨ 9 × 9 = 81
　く　　く　はちじゅういち

おぼえておこう

9のだんの　九九

9 × 1 = 9　くいち　が　く
9 × 2 = 18　くに　じゅうはち
9 × 3 = 27　くさん　にじゅうしち
9 × 4 = 36　くし　さんじゅうろく
9 × 5 = 45　くご　しじゅうご
9 × 6 = 54　くろく　ごじゅうし
9 × 7 = 63　くしち　ろくじゅうさん
9 × 8 = 72　くは　しちじゅうに
9 × 9 = 81　くく　はちじゅういち

9のだんの　九九を　おぼえよう。

3 □の 中に すう字を 入れましょう。 〔1もん 2てん〕

① 9 × 1 = □
く　いち　が　く

② 9 × 2 = □
く　に　じゅうはち

③ 9 × 3 = □
く　さん　にじゅうしち

④ 9 × 4 = □
く　し　さんじゅうろく

⑤ 9 × 5 = □
く　ご　しじゅうご

⑥ 9 × 6 = □
く　ろく　ごじゅうし

⑦ 9 × 7 = □
く　しち　ろくじゅうさん

⑧ 9 × 8 = □
く　は　しちじゅうに

⑨ 9 × 9 = □
く　く　はちじゅういち

⑩ 9 × 3 = □
く　さん　にじゅうしち

4 かけざんを しましょう。 〔1もん 3てん〕

① 9 × 1 =

② 9 × 2 =

③ 9 × 3 =

④ 9 × 4 =

⑤ 9 × 5 =

⑥ 9 × 6 =

⑦ 9 × 7 =

⑧ 9 × 8 =

⑨ 9 × 9 =

⑩ 9 × 3 =

⑪ 9 × 5 =

⑫ 9 × 7 =

⑬ 9 × 9 =

⑭ 9 × 2 =

⑮ 9 × 4 =

⑯ 9 × 6 =

⑰ 9 × 8 =

まちがえた もんだいは, もう 一ど
やりなおして みよう。

てん

月　日　名まえ

はじめ　じ　ふん　おわり　じ　ふん

1 □の 中に すう字を 入れましょう。　〔1もん　1てん〕

① $9 \times \square = \square$
　く　いち　が　く

② $9 \times \square = \square$
　く　に　じゅうはち

③ $9 \times \square = \square$
　く　さん　にじゅうしち

④ $9 \times \square = \square$
　く　し　さんじゅうろく

⑤ $9 \times \square = \square$
　く　ご　しじゅうご

⑥ $\square \times \square = \square$
　く　ろく　ごじゅうし

⑦ $\square \times \square = \square$
　く　しち　ろくじゅうさん

⑧ $\square \times \square = \square$
　く　は　しちじゅうに

⑨ $\square \times \square = \square$
　く　く　はちじゅういち

⑩ $\square \times \square = \square$
　く　し　さんじゅうろく

2 かけざんを しましょう。　〔1もん　2てん〕

① $9 \times 5 =$

② $9 \times 6 =$

③ $9 \times 7 =$

④ $9 \times 1 =$

⑤ $9 \times 2 =$

⑥ $9 \times 3 =$

⑦ $9 \times 4 =$

⑧ $9 \times 7 =$

⑨ $9 \times 8 =$

⑩ $9 \times 9 =$

⑪ $9 \times 4 =$

⑫ $9 \times 3 =$

⑬ $9 \times 2 =$

⑭ $9 \times 1 =$

⑮ $9 \times 9 =$

⑯ $9 \times 8 =$

⑰ $9 \times 7 =$

⑱ $9 \times 6 =$

⑲ $9 \times 5 =$

⑳ $9 \times 4 =$

9のだんの 九九を おぼえよう。

3 □の 中に すう字を 入れましょう。 〔1もん 1てん〕

① $9 × \boxed{} = \boxed{}$
く　　さん　　にじゅうしち

② $\boxed{} × \boxed{} = \boxed{}$
く　　ろく　　ごじゅうし

③ $\boxed{} × \boxed{} = \boxed{}$
く　　は　　しちじゅうに

④ $\boxed{} × \boxed{} = \boxed{}$
く　　に　　じゅうはち

⑤ $\boxed{} × \boxed{} = \boxed{}$
く　　いち　が　く

⑥ $\boxed{} × \boxed{} = \boxed{}$
く　　く　　はちじゅういち

⑦ $\boxed{} × \boxed{} = \boxed{}$
く　　し　　さんじゅうろく

⑧ $\boxed{} × \boxed{} = \boxed{}$
く　　しち　　ろくじゅうさん

⑨ $\boxed{} × \boxed{} = \boxed{}$
く　　ご　　しじゅうご

⑩ $\boxed{} × \boxed{} = \boxed{}$
く　　さん　　にじゅうしち

4 かけざんを しましょう。 〔1もん 2てん〕

① $9 × 2 =$

② $9 × 4 =$

③ $9 × 6 =$

④ $9 × 8 =$

⑤ $9 × 1 =$

⑥ $9 × 3 =$

⑦ $9 × 5 =$

⑧ $9 × 7 =$

⑨ $9 × 9 =$

⑩ $9 × 8 =$

⑪ $9 × 6 =$

⑫ $9 × 4 =$

⑬ $9 × 2 =$

⑭ $9 × 9 =$

⑮ $9 × 7 =$

⑯ $9 × 5 =$

⑰ $9 × 3 =$

⑱ $9 × 1 =$

⑲ $9 × 4 =$

⑳ $9 × 6 =$

©くもん出版

まちがえた もんだいは, もう 一ど
やりなおして みよう。

$\boxed{}$ てん

33 9のだんの 九九（3）

月　日　名まえ　　　　　　　　はじめ　じ　ふん　おわり　じ　ふん

1　□の 中に すう字を 入れましょう。　〔1もん 1てん〕

① □ × □ = □
　　く　　ご

② □ × □ = □
　　く　　さん

③ □ × □ = □
　　く　　し

④ □ × □ = □
　　く　　に

⑤ □ × □ = □
　　く　　く

⑥ □ × □ = □
　　く　　しち

⑦ □ × □ = □
　　く　　ろく

⑧ □ × □ = □
　　く　いち　が

⑨ □ × □ = □
　　く　　は

⑩ □ × □ = □
　　く　　し

2　かけざんを しましょう。　〔1もん 2てん〕

① 9 × 3 =

② 9 × 4 =

③ 9 × 5 =

④ 9 × 1 =

⑤ 9 × 2 =

⑥ 9 × 7 =

⑦ 9 × 8 =

⑧ 9 × 9 =

⑨ 9 × 7 =

⑩ 9 × 5 =

⑪ 9 × 3 =

⑫ 9 × 8 =

⑬ 9 × 6 =

⑭ 9 × 4 =

⑮ 9 × 3 =

⑯ 9 × 2 =

⑰ 9 × 1 =

⑱ 9 × 0 =

⑲ 9 × 2 =

⑳ 9 × 4 =

©くもん出版

9のだんの 九九を おぼえよう。

3 かけざんを しましょう。 〔1もん 2てん〕

① $9 \times 7 =$ ⑧ $9 \times 1 =$ ⑮ $9 \times 5 =$

② $9 \times 2 =$ ⑨ $9 \times 9 =$ ⑯ $9 \times 1 =$

③ $9 \times 5 =$ ⑩ $9 \times 6 =$ ⑰ $9 \times 4 =$

④ $9 \times 9 =$ ⑪ $9 \times 3 =$ ⑱ $9 \times 6 =$

⑤ $9 \times 8 =$ ⑫ $9 \times 5 =$ ⑲ $9 \times 3 =$

⑥ $9 \times 0 =$ ⑬ $9 \times 2 =$ ⑳ $9 \times 8 =$

⑦ $9 \times 4 =$ ⑭ $9 \times 7 =$

4 □に あてはまる すう字を 入れましょう。

〔1もん 1てん〕

① $9 \times \boxed{} = 9$ ⑥ $9 \times \boxed{} = 54$

② $9 \times \boxed{} = 18$ ⑦ $9 \times \boxed{} = 63$

③ $9 \times \boxed{} = 27$ ⑧ $9 \times \boxed{} = 72$

④ $9 \times \boxed{} = 36$ ⑨ $9 \times \boxed{} = 81$

⑤ $9 \times \boxed{} = 45$ ⑩ $9 \times \boxed{} = 18$

こたえを かきおわったら, 見なおしを
しよう。まちがいが なくなるよ。

てん

34 8〜9のだんの　九九

月　日	名まえ	はじめ　じ　ふん　おわり　じ　ふん

1　けいさんを　しましょう。

〔1もん　2てん〕

① 9×4＝　　⑧ 9×9＝　　⑮ 9×1＝

② 9×5＝　　⑨ 9×8＝　　⑯ 9×2＝

③ 9×6＝　　⑩ 9×7＝　　⑰ 9×3＝

④ 8×6＝　　⑪ 9×6＝　　⑱ 8×6＝

⑤ 8×7＝　　⑫ 8×3＝　　⑲ 8×5＝

⑥ 8×8＝　　⑬ 8×2＝　　⑳ 8×4＝

⑦ 8×9＝　　⑭ 8×1＝

2　□に　あてはまる　すう字を　入れましょう。

〔1もん　1てん〕

① 9×□＝27　　⑥ 9×□＝81

② 9×□＝36　　⑦ 9×□＝72

③ 9×□＝45　　⑧ 8×□＝56

④ 8×□＝ 8　　⑨ 8×□＝48

⑤ 8×□＝16　　⑩ 8×□＝40

8のだんと　9のだんの　九九を　おもいだそう。

3 けいさんを しましょう。 〔1もん 2てん〕

① $8 \times 5 =$ ⑧ $9 \times 6 =$ ⑮ $8 \times 2 =$

② $9 \times 0 =$ ⑨ $8 \times 3 =$ ⑯ $9 \times 9 =$

③ $9 \times 2 =$ ⑩ $8 \times 7 =$ ⑰ $8 \times 1 =$

④ $8 \times 8 =$ ⑪ $9 \times 4 =$ ⑱ $9 \times 3 =$

⑤ $9 \times 1 =$ ⑫ $8 \times 0 =$ ⑲ $9 \times 7 =$

⑥ $8 \times 4 =$ ⑬ $9 \times 5 =$ ⑳ $8 \times 6 =$

⑦ $8 \times 9 =$ ⑭ $9 \times 8 =$

4 □に あてはまる すう字を 入れましょう。

〔1もん 1てん〕

① $9 \times \square = 54$ ⑥ $8 \times \square = 32$

② $8 \times \square = 24$ ⑦ $9 \times \square = 63$

③ $9 \times \square = 81$ ⑧ $8 \times \square = 0$

④ $8 \times \square = 64$ ⑨ $9 \times \square = 18$

⑤ $9 \times \square = 9$ ⑩ $8 \times \square = 72$

まちがえた もんだいは, もう 一ど
やりなおして みよう。

□ てん

月　日　名まえ

はじめ　じ　ふん　おわり　じ　ふん

1 けいさんを しましょう。　　〔1もん　2てん〕

① 2×3＝

② 2×7＝

③ 3×4＝

④ 3×9＝

⑤ 4×3＝

⑥ 4×5＝

⑦ 4×7＝

⑧ 5×4＝

⑨ 5×6＝

⑩ 5×8＝

⑪ 6×3＝

⑫ 6×5＝

⑬ 6×7＝

⑭ 7×2＝

⑮ 7×4＝

⑯ 7×6＝

⑰ 7×8＝

⑱ 8×3＝

⑲ 8×5＝

⑳ 8×7＝

㉑ 8×9＝

㉒ 9×2＝

㉓ 9×4＝

㉔ 9×6＝

㉕ 9×8＝

2のだんから 9のだんまでの 九九を おもいだそう。

2 けいさんを しましょう。 〔1もん 2てん〕

① 2 × 5 =

② 3 × 3 =

③ 4 × 8 =

④ 5 × 7 =

⑤ 6 × 9 =

⑥ 7 × 4 =

⑦ 8 × 2 =

⑧ 9 × 6 =

⑨ 3 × 6 =

⑩ 5 × 4 =

⑪ 7 × 7 =

⑫ 9 × 5 =

⑬ 2 × 8 =

⑭ 4 × 3 =

⑮ 6 × 2 =

⑯ 8 × 9 =

⑰ 6 × 4 =

⑱ 3 × 8 =

⑲ 8 × 1 =

⑳ 4 × 6 =

㉑ 7 × 3 =

㉒ 2 × 7 =

㉓ 9 × 2 =

㉔ 5 × 9 =

㉕ 8 × 5 =

まちがえた もんだいは, もう 一ど
やりなおして みよう。

てん

36 九九の れんしゅう(2)

月　日　名まえ　　　　はじめ　じ　ふん　おわり　じ　ふん

1 けいさんを しましょう。

〔1もん　2てん〕

① 2×4＝

② 2×8＝

③ 3×3＝

④ 3×7＝

⑤ 4×8＝

⑥ 4×6＝

⑦ 4×4＝

⑧ 5×9＝

⑨ 5×7＝

⑩ 5×5＝

⑪ 6×4＝

⑫ 6×6＝

⑬ 6×8＝

⑭ 7×3＝

⑮ 7×5＝

⑯ 7×7＝

⑰ 7×9＝

⑱ 8×8＝

⑲ 8×6＝

⑳ 8×4＝

㉑ 8×2＝

㉒ 9×9＝

㉓ 9×7＝

㉔ 9×5＝

㉕ 9×3＝

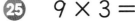2のだんから 9のだんまでの 九九を おもいだそう。

2 けいさんを しましょう。　　　　　　　〔1もん　2てん〕

① $2 \times 3 =$

② $4 \times 8 =$

③ $6 \times 9 =$

④ $8 \times 5 =$

⑤ $3 \times 2 =$

⑥ $5 \times 7 =$

⑦ $7 \times 6 =$

⑧ $9 \times 4 =$

⑨ $7 \times 3 =$

⑩ $8 \times 2 =$

⑪ $9 \times 7 =$

⑫ $4 \times 3 =$

⑬ $5 \times 4 =$

⑭ $6 \times 6 =$

⑮ $2 \times 8 =$

⑯ $3 \times 5 =$

⑰ $3 \times 8 =$

⑱ $8 \times 3 =$

⑲ $9 \times 6 =$

⑳ $5 \times 1 =$

㉑ $2 \times 4 =$

㉒ $7 \times 9 =$

㉓ $4 \times 2 =$

㉔ $6 \times 7 =$

㉕ $9 \times 5 =$

まちがえた もんだいは, もう 一ど
やりなおして みよう。

てん

37 九九の れんしゅう（3）

むずかしさ
★★ ★

| 月　　日 | 名まえ | 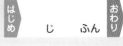 はじめ　じ　ふん　おわり　じ　ふん |

1 けいさんを しましょう。

〔1もん 2てん〕

① 3×7＝

② 4×8＝

③ 5×1＝

④ 8×4＝

⑤ 9×7＝

⑥ 6×5＝

⑦ 7×4＝

⑧ 8×6＝

⑨ 4×9＝

⑩ 7×0＝

⑪ 8×7＝

⑫ 5×8＝

⑬ 9×3＝

⑭ 6×7＝

⑮ 8×8＝

⑯ 9×9＝

⑰ 5×3＝

⑱ 2×7＝

⑲ 8×5＝

⑳ 3×9＝

㉑ 7×7＝

㉒ 6×8＝

㉓ 4×6＝

㉔ 9×4＝

㉕ 6×2＝

©くもん出版

2のだんから 9のだんまでの 九九を おもいだそう。

73

2 けいさんを しましょう。

〔1もん 2てん〕

① 9×8＝

② 6×7＝

③ 8×1＝

④ 2×8＝

⑤ 3×9＝

⑥ 5×6＝

⑦ 7×3＝

⑧ 8×7＝

⑨ 3×5＝

⑩ 6×4＝

⑪ 9×5＝

⑫ 8×4＝

⑬ 6×6＝

⑭ 9×7＝

⑮ 2×6＝

⑯ 5×4＝

⑰ 4×4＝

⑱ 7×6＝

⑲ 3×0＝

⑳ 6×9＝

㉑ 7×1＝

㉒ 8×4＝

㉓ 3×9＝

㉔ 6×5＝

㉕ 7×7＝

まちがえた もんだいは, もう 一ど
やりなおして みよう。

てん

月 日	名まえ	はじめ じ ふん おわり じ ふん

1 けいさんを しましょう。

〔1もん 2てん〕

① 8×7＝

② 7×5＝

③ 4×8＝

④ 9×7＝

⑤ 6×8＝

⑥ 8×6＝

⑦ 6×5＝

⑧ 4×9＝

⑨ 2×6＝

⑩ 9×7＝

⑪ 6×4＝

⑫ 3×8＝

⑬ 8×9＝

⑭ 6×7＝

⑮ 3×5＝

⑯ 7×2＝

⑰ 5×4＝

⑱ 4×3＝

⑲ 2×9＝

⑳ 8×8＝

㉑ 6×7＝

㉒ 7×9＝

㉓ 3×7＝

㉔ 6×9＝

㉕ 8×5＝

©くもん出版

2のだんから 9のだんまでの 九九を おもいだそう。

2 けいさんを しましょう。 〔1もん 2てん〕

① 3 × 4 =

② 9 × 2 =

③ 6 × 5 =

④ 5 × 3 =

⑤ 9 × 8 =

⑥ 7 × 9 =

⑦ 6 × 9 =

⑧ 5 × 5 =

⑨ 4 × 8 =

⑩ 3 × 6 =

⑪ 2 × 7 =

⑫ 8 × 2 =

⑬ 7 × 5 =

⑭ 6 × 4 =

⑮ 5 × 8 =

⑯ 4 × 3 =

⑰ 5 × 6 =

⑱ 7 × 6 =

⑲ 8 × 7 =

⑳ 9 × 4 =

㉑ 6 × 8 =

㉒ 9 × 4 =

㉓ 8 × 7 =

㉔ 7 × 3 =

㉕ 9 × 9 =

まちがえた もんだいは, もう 一ど
やりなおして みよう。

てん

月 日	名まえ	はじめ じ ふん おわり じ ふん

1 けいさんを しましょう。　〔1もん 2てん〕

① 3×8＝

② 8×3＝

③ 6×8＝

④ 8×6＝

⑤ 7×9＝

⑥ 9×7＝

こたえが おなじ もんだいを
くらべて みよう。

2 □に あてはまる すう字を 入れましょう。〔1もん 2てん〕

① 3×5＝5×□

② 4×6＝□×4

③ 6×□＝7×6

④ □×8＝8×9

3 かけざんを しましょう。　〔1もん 2てん〕

① 2×1＝

② 1×2＝

③ 3×1＝

④ 1×3＝

⑤ 1×4＝

⑥ 1×5＝

⑦ 1×6＝

⑧ 1×7＝

⑨ 1×8＝

⑩ 1×9＝

おぼえておこう

1のだんの 九九

1×1＝1　いんいち が いち

1×2＝2　いんに が に

1×3＝3　いんさん が さん

1×4＝4　いんし が し

1×5＝5　いんご が ご

1×6＝6　いんろく が ろく

1×7＝7　いんしち が しち

1×8＝8　いんはち が はち

1×9＝9　いんく が く

©くもん出版

1のだんの 九九も おぼえよう。

4 かけざんを しましょう。　　　　　　〔1もん　2てん〕

① 3×0＝　　　⑤ 0×5＝　　　⑨ 0×9＝

② 0×3＝　　　⑥ 0×6＝　　　⑩ 0×0＝

③ 4×0＝　　　⑦ 0×7＝

④ 0×4＝　　　⑧ 0×8＝

5 かけざんを しましょう。　　　　　　〔1もん　2てん〕

① 2×6＝　　　⑤ 2×9＝　　　⑨ 4×9＝

② 3×4＝　　　⑥ 6×3＝　　　⑩ 6×6＝

③ 2×8＝　　　⑦ 3×8＝

④ 4×4＝　　　⑧ 4×6＝

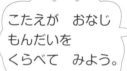

こたえが おなじ
もんだいを
くらべて みよう。

6 こたえが つぎの かずに なる 九九を ぜんぶ か
きましょう。　　　　　　　　　　　　　〔1もん　5てん〕

① 21 → □×□, □×□

② 25 → □×□

③ 24 → □×□, □×□, □×□, □×□

④ 36 → □×□, □×□, □×□

©くもん出版

こたえを かきおわったら, 見なおしを
しよう。まちがいが なくなるよ。

78

□ てん

1 つぎの 九九の ひょうの あいて いる ところに あてはまる かずを かきましょう。　〔ぜんぶ できて 50てん〕

かけるかず

	1	2	3	4	5	6	7	8	9
1		2		4		6		8	
2	2		6		10		14		18
3		6		12		18		24	
4	4		12		20		28		36
5		10		20		30		40	
6	6		18		30		42		54
7		14		28		42		56	
8	8		24		40		56		72
9		18		36		54		72	

かけられるかず

1のだんから 9のだんまでの 九九を おもいだそう。

2 つぎの 九九の ひょうの あいて いる ところに
あてはまる かずを かきましょう。　　　〔ぜんぶ できて 50てん〕

	\multicolumn{9}{c}{かけるかず}

	1	2	3	4	5	6	7	8	9
1	1								
2		4							
3			9						
4				16					
5					25				
6						36			
7							49		
8								64	
9									81

かけられるかず

©くもん出版

こたえを かきおわったら, 見なおしを
しよう。まちがいが なくなるよ。

　てん

かけざんの れんしゅう（1）

| 月 日 | 名まえ | はじめ じ ふん | おわり じ ふん |

1 □に あてはまる すう字を 入れましょう。

〔ぜんぶ できて 24てん〕

かけるかず													
	1	2	3	4	5	6	7	8	9	10	11	12
2	2	4	6	8	10	12	14			20	22	24
3	3	6	9	12	15	18	21			30	33	
4	4	8	12	16	20	24	28					
5	5	10	15	20	25	30	35					

（左側に「かけられるかず」と縦書き）

2 □に あてはまる すう字を 入れましょう。

〔1もん 2てん〕

① $5 \times 4 = 5 \times 3 + \square$

② $2 \times 8 = 2 \times 7 + \square$

③ $3 \times 6 = 3 \times 5 + \square$

④ $4 \times 7 = 4 \times \square + 4$

⑤ $2 \times 10 = 2 \times \square + 2$

⑥ $2 \times 11 = 2 \times 10 + \square$

⑦ $4 \times 10 = 4 \times 9 + \square$

⑧ $5 \times 10 = \square \times 9 + 5$

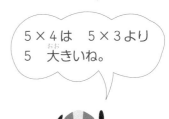

5×4は 5×3より
5 大きいね。

かけるかずが 1 ふえると，こたえは
かけられるかずだけ ふえるね。

3　かけざんを　しましょう。 〔1もん　2てん〕

❶　2 × 8 =　　　❼　3 × 9 =　　　⓭　5 × 10 =

❷　2 × 9 =　　　❽　3 × 10 =　　　⓮　5 × 11 =

❸　2 × 10 =　　　❾　3 × 11 =　　　⓯　6 × 10 =

❹　2 × 11 =　　　❿　3 × 12 =　　　⓰　8 × 10 =

❺　2 × 12 =　　　⓫　4 × 10 =　　　⓱　9 × 10 =

❻　2 × 13 =　　　⓬　4 × 11 =　　　⓲　9 × 11 =

4　かけざんを　しましょう。 〔1もん　2てん〕

❶　4 × 10 =　　　❺　7 × 10 =　　　❾　2 × 11 =

❷　4 × 11 =　　　❻　7 × 11 =　　　❿　3 × 11 =

❸　4 × 12 =　　　❼　6 × 10 =　　　⓫　8 × 10 =

❹　2 × 10 =　　　❽　6 × 11 =　　　⓬　5 × 11 =

まちがえた　もんだいは，もう　一ど
やりなおして　みよう。

てん

42 かけざんの れんしゅう(2)

月　日　名まえ　　　　はじめ　じ　ふん　おわり　じ　ふん

1　□に あてはまる すう字を 入れましょう。

〔1もん　2てん〕

① $3 \times 8 = 8 \times \square$

② $3 \times 10 = 10 \times \square$

③ $4 \times 12 = 12 \times \square$

④ $10 \times 5 = 5 \times \square$

⑤ $12 \times 7 = \square \times 12$

⑥ $11 \times 9 = \square \times 11$

2　かけざんを しましょう。

〔1もん　2てん〕

① $2 \times 10 =$

② $10 \times 2 =$

③ $2 \times 11 =$

④ $11 \times 2 =$

⑤ $12 \times 2 =$

⑥ $10 \times 3 =$

⑦ $11 \times 3 =$

⑧ $12 \times 3 =$

⑨ $10 \times 4 =$

⑩ $11 \times 4 =$

⑪ $12 \times 4 =$

⑫ $10 \times 5 =$

⑬ $11 \times 5 =$

⑭ $10 \times 6 =$

⑮ $11 \times 6 =$

⑯ $10 \times 7 =$

⑰ $10 \times 8 =$

⑱ $10 \times 9 =$

2けたの かけざんを れんしゅうしよう。

83

3 かけざんを しましょう。

〔1もん 2てん〕

① $4 \times 10 =$

② $4 \times 11 =$

③ $4 \times 12 =$

④ $2 \times 11 =$

⑤ $5 \times 10 =$

⑥ $5 \times 11 =$

⑦ $8 \times 10 =$

⑧ $7 \times 11 =$

⑨ $3 \times 10 =$

⑩ $3 \times 12 =$

⑪ $6 \times 10 =$

⑫ $9 \times 10 =$

⑬ $9 \times 11 =$

⑭ $10 \times 4 =$

⑮ $11 \times 4 =$

⑯ $12 \times 4 =$

⑰ $11 \times 2 =$

⑱ $10 \times 5 =$

⑲ $11 \times 5 =$

⑳ $12 \times 3 =$

㉑ $10 \times 6 =$

㉒ $10 \times 8 =$

㉓ $10 \times 9 =$

㉔ $11 \times 7 =$

㉕ $10 \times 3 =$

㉖ $11 \times 9 =$

まちがえた もんだいは, もう 一ど
やりなおして みよう。

てん

43 2けたの かけざん（1）

1 けいさんを しましょう。

〔1もん　4てん〕

①
```
   4 3
×    2
─────
  8 6
```

⑤
```
   1 3
×    2
```

⑨
```
   3 3
×    2
```

②
```
   3 4
×    2
─────
  6
```

⑥
```
   2 4
×    2
```

⑩
```
   1 4
×    2
```

③
```
   3 1
×    2
─────
    2
```

⑦
```
   3 2
×    2
```

⑪
```
   2 2
×    2
```

④
```
   4 1
×    2
```

⑧
```
   4 2
×    2
```

⑫
```
   2 1
×    2
```

2を かける けいさんの ひっさんに ちょうせんしよう。

2 けいさんを しましょう。

〔1もん 4てん〕

①
```
   1 2
 ×   3
 □ □
```

⑥
```
   1 3
 ×   3
```

⑪
```
   2 2
 ×   4
```

②
```
   2 1
 ×   3
```

⑦
```
   2 2
 ×   3
```

⑫
```
   1 1
 ×   4
```

③
```
   3 1
 ×   3
```

⑧
```
   1 1
 ×   3
```

⑬
```
   2 1
 ×   4
```

④
```
   2 3
 ×   3
```

⑨
```
   3 3
 ×   3
```

⑤
```
   3 2
 ×   3
```

⑩
```
   1 2
 ×   4
```

©くもん出版

3や 4を かける けいさんの ひっさん
に ちょうせんしよう。

86

てん

44 2けたの　かけざん（2）

月　　日　名まえ　　　　　　　　はじめ　じ　ふん　おわり　じ　ふん

1 けいさんを　しましょう。　　　　　　　　　　〔1もん　4てん〕

❶
```
  4 1
×   3
```

❺
```
  5 2
×   3
```

❾
```
  6 3
×   3
```

❷
```
  4 2
×   3
```

❻
```
  5 3
×   3
```

❿
```
  5 1
×   2
```

❸
```
  4 3
×   3
```

❼
```
  6 1
×   3
```

⓫
```
  5 2
×   2
```

❹
```
  5 1
×   3
```

❽
```
  6 2
×   3
```

⓬
```
  5 3
×   2
```

 かけざんの　ひっさんに　ちょうせんしよう。

2 けいさんを しましょう。

① 　54
　×　2

② 　61
　×　2

③ 　62
　×　2

④ 　63
　×　2

⑤ 　64
　×　2

⑥ 　31
　×　4

⑦ 　32
　×　4

⑧ 　41
　×　4

⑨ 　42
　×　4

⑩ 　71
　×　4

⑪ 　72
　×　4

⑫ 　81
　×　4

⑬ 　82
　×　4

©くもん出版

まちがえた もんだいは, もう 一ど
やりなおして みよう。

てん

45

2けたの　かけざん（3）

月　　日　　名まえ　　　　　　はじめ　じ　ふん　おわり　じ　ふん

1　けいさんを　しましょう。　　　　　　　　　〔1もん　4てん〕

① 　　3 2
　　×　　2

⑤ 　　7 2
　　×　　2

⑨ 　　3 3
　　×　　3

② 　　4 2
　　×　　2

⑥ 　　8 2
　　×　　2

⑩ 　　4 3
　　×　　3

③ 　　5 2
　　×　　2

⑦ 　　9 2
　　×　　2

⑪ 　　5 3
　　×　　3

④ 　　6 2
　　×　　2

⑧ 　　2 3
　　×　　3

⑫ 　　6 3
　　×　　3

© くもん出版

かけざんの　ひっさんに　ちょうせんしよう。

2 けいさんを しましょう。

〔1もん　4てん〕

❶ $\begin{array}{r} 73 \\ \times\ \ 3 \\ \hline \end{array}$

❻ $\begin{array}{r} 32 \\ \times\ \ 4 \\ \hline \end{array}$

⓫ $\begin{array}{r} 72 \\ \times\ \ 4 \\ \hline \end{array}$

❷ $\begin{array}{r} 83 \\ \times\ \ 3 \\ \hline \end{array}$

❼ $\begin{array}{r} 42 \\ \times\ \ 4 \\ \hline \end{array}$

⓬ $\begin{array}{r} 82 \\ \times\ \ 4 \\ \hline \end{array}$

❸ $\begin{array}{r} 93 \\ \times\ \ 3 \\ \hline \end{array}$

❽ $\begin{array}{r} 52 \\ \times\ \ 4 \\ \hline \end{array}$

⓭ $\begin{array}{r} 92 \\ \times\ \ 4 \\ \hline \end{array}$

❹ $\begin{array}{r} 12 \\ \times\ \ 4 \\ \hline \end{array}$

❾ $\begin{array}{r} 51 \\ \times\ \ 4 \\ \hline \end{array}$

❺ $\begin{array}{r} 22 \\ \times\ \ 4 \\ \hline \end{array}$

❿ $\begin{array}{r} 61 \\ \times\ \ 4 \\ \hline \end{array}$

©くもん出版

まちがえた　もんだいは，もう　一ど
やりなおして　みよう。

てん

46

しんだんテスト

1　つぎの　けいさんを　しましょう。　〔1もん　1てん〕

① $4 \times 3 =$

② $6 \times 6 =$

③ $8 \times 2 =$

④ $2 \times 7 =$

⑤ $3 \times 0 =$

⑥ $7 \times 8 =$

⑦ $5 \times 1 =$

⑧ $9 \times 5 =$

⑨ $3 \times 9 =$

⑩ $5 \times 4 =$

⑪ $2 \times 2 =$

⑫ $5 \times 7 =$

⑬ $7 \times 0 =$

⑭ $9 \times 3 =$

⑮ $2 \times 5 =$

⑯ $8 \times 9 =$

⑰ $6 \times 2 =$

⑱ $4 \times 8 =$

⑲ $8 \times 1 =$

⑳ $3 \times 4 =$

㉑ $7 \times 6 =$

㉒ $6 \times 9 =$

㉓ $4 \times 5 =$

㉔ $9 \times 0 =$

㉕ $2 \times 6 =$

㉖ $8 \times 7 =$

㉗ $3 \times 8 =$

㉘ $4 \times 1 =$

㉙ $9 \times 9 =$

㉚ $6 \times 3 =$

㉛ $7 \times 4 =$

㉜ $5 \times 6 =$

㉝ $2 \times 0 =$

㉞ $8 \times 5 =$

㉟ $9 \times 6 =$

㊱ $6 \times 8 =$

㊲ $2 \times 9 =$

㊳ $3 \times 3 =$

㊴ $4 \times 7 =$

㊵ $7 \times 1 =$

㊶ $9 \times 2 =$

㊷ $2 \times 4 =$

㊸ $8 \times 0 =$

㊹ $5 \times 3 =$

㊺ $6 \times 5 =$

2 つぎの けいさんを しましょう。 〔1もん 1てん〕

❶ $4 \times 2 =$ **⓫** $3 \times 1 =$ **㉑** $3 \times 5 =$

❷ $6 \times 7 =$ **⓬** $5 \times 5 =$ **㉒** $8 \times 8 =$

❸ $8 \times 4 =$ **⓭** $9 \times 7 =$ **㉓** $2 \times 3 =$

❹ $2 \times 8 =$ **⓮** $2 \times 1 =$ **㉔** $7 \times 5 =$

❺ $3 \times 6 =$ **⓯** $5 \times 8 =$ **㉕** $5 \times 9 =$

❻ $9 \times 8 =$ **⓰** $7 \times 2 =$ **㉖** $9 \times 4 =$

❼ $5 \times 0 =$ **⓱** $4 \times 6 =$ **㉗** $4 \times 0 =$

❽ $7 \times 9 =$ **⓲** $8 \times 3 =$ **㉘** $8 \times 6 =$

❾ $6 \times 0 =$ **⓳** $3 \times 7 =$ **㉙** $3 \times 2 =$

❿ $4 \times 9 =$ **⓴** $6 \times 1 =$

3 □に あてはまる すう字を 入れましょう。
〔❶〜❻1もん 2てん・❼8てん〕

❶ $3 \times 5 = \boxed{} \times 3$ **❹** $\boxed{} \times 7 = 7 \times 8$

❷ $1 \times 3 = \boxed{}$ **❺** $\boxed{} \times 6 = 6$

❸ $0 \times 5 = \boxed{}$ **❻** $\boxed{} \times 4 = 0$

❼ こたえが 18に なる 九九は

$\boxed{} \times \boxed{}, \boxed{} \times \boxed{}, \boxed{} \times \boxed{}, \boxed{} \times \boxed{}$

4 つぎの けいさんを しましょう。 〔1もん 2てん〕

❶ $4 \times 10 =$ **❷** $11 \times 5 =$ **❸** $3 \times 12 =$

©くもん出版

てんすうを つけてから, 103ページの
アドバイス を よもう。

てん

1 おなじ かずの たしざん(1)　P.1・2

1
❶4　❺12
❷6　❻8
❸14　❼16
❹10　❽18

2
❶6　❹18
❷9　❺12
❸21　❻24

3
❶8　❸24
❷20　❹16

4
❶6
❷8
❸10
❹12
❺14
❻16
❼18
❽9
❾12
❿15
⓫18
⓬21
⓭24
⓮27

> **アドバイス** 正しく できましたか。
> おなじ かずの たしざんは, かけざん
> の もとに なる けいさんです。まち
> がえた ところは, よく 見なおして
> おきましょう。

2 おなじ かずの たしざん(2)　P.3・4

1
❶12
❷16
❸20
❹24
❺28
❻32
❼15
❽20
❾25
❿30
⓫35
⓬40

2
❶18
❷24
❸30
❹36
❺42
❻48
❼21
❽28
❾35
❿42
⓫49
⓬56
⓭63

3 おなじ かずの たしざん(3)　P.5・6

1
❶24
❷32
❸40
❹48
❺56
❻64
❼27
❽36
❾45
❿54
⓫63
⓬72

2
❶3
❷4
❸5
❹6
❺7

3
❶10
❷12
❸24
❹25
❺36
❻35
❼32
❽45

4 チェックテスト　P.7・8

1
❶9
❷20
❸16
❹35
❺12
❻18
❼35
❽12
❾40
❿6
⓫15
⓬25
⓭54

2
❶24
❷30
❸27
❹14
❺24
❻20
❼28
❽12
❾40
❿81
⓫49
⓬48

> **アドバイス**
>
> ● 85てんから 100てんの 人
> まちがえた もんだいを やりなおし
> てから, つぎの ページに すすみま
> しょう。
>
> ● 0 てんから 84てんの 人
> ここまでの ページを もう 一ど
> おさらいして おきましょう。

⑤ 2のだんの 九九（1）

P.9・10

1
- ❶10—12—14
- ❷12—14—16
- ❸14—16—18
- ❹16—18—20
- ❺18—20—22

2

アドバイス　よみながら　かけました
ね。ここで　2のだんの　九九を
しっかり　おぼえて　しまいましょう。

3
❶2	❻12			
❷4	❼14			
❸6	❽16			
❹8	❾18			
❺10	❿6			

4
❶2	❼14	⓭18
❷4	❽16	⓮4
❸6	❾18	⓯8
❹8	❿6	⓰12
❺10	⓫10	⓱16
❻12	⓬14	

⑥ 2のだんの 九九（2）

P.11・12

1
❶2×1＝2	❻2×6＝12
❷2×2＝4	❼2×7＝14
❸2×3＝6	❽2×8＝16
❹2×4＝8	❾2×9＝18
❺2×5＝10	❿2×2＝4

2
❶10	❽14	⓯18
❷12	❾16	⓰16
❸14	❿18	⓱14
❹2	⓫8	⓲12
❺4	⓬6	⓳10
❻6	⓭4	⓴8
❼8	⓮2	

3
❶2×2＝4	❻2×5＝10
❷2×6＝12	❼2×9＝18
❸2×8＝16	❽2×7＝14
❹2×1＝2	❾2×4＝8
❺2×3＝6	❿2×6＝12

4
❶4	❽14	⓯14
❷8	❾18	⓰10
❸12	❿16	⓱6
❹16	⓫12	⓲2
❺2	⓬8	⓳18
❻6	⓭4	⓴16
❼10	⓮18	

⑦ 2のだんの 九九（3）

P.13・14

1
❶2×5＝10	❻2×7＝14
❷2×3＝6	❼2×6＝12
❸2×8＝16	❽2×1＝2
❹2×2＝4	❾2×4＝8
❺2×9＝18	❿2×8＝16

2
❶6	❽18	⓯6
❷8	❾14	⓰4
❸10	❿10	⓱2
❹2	⓫6	⓲0
❺4	⓬16	⓳4
❻14	⓭12	⓴8
❼16	⓮8	

3
❶16	❽6	⓯10	
❷6	❾14	⓰2	
❸2	❿10	⓱8	
❹12	⓫16	⓲12	
❺18	⓬0	⓳6	
❻8	⓭18	⓴14	
❼4	⓮12		

4
❶1	❻6
❷2	❼7
❸3	❽8
❹4	❾9
❺5	❿3

⑧ 3のだんの 九九（1）

P.15・16

1
- ❶15—18—21
- ❷18—21—24
- ❸21—24—27
- ❹24—27—30
- ❺27—30—33

2

アドバイス　よみながら　かけました
ね。ここで　3のだんの　九九を
しっかり　おぼえて　しまいましょう。

3
❶3	❻18
❷6	❼21
❸9	❽24
❹12	❾27
❺15	❿12

4
❶3	❼21	⓭27
❷6	❽24	⓮6
❸9	❾27	⓯12
❹12	❿9	⓰18
❺15	⓫15	⓱24
❻18	⓬21	

アドバイス　正しく　できましたね。
こたえが　すぐに　でてくるまで，くり
かえし　れんしゅうしましょう。

9 3のだんの 九九(2) P.17・18

1
- ❶3×1=3
- ❷3×2=6
- ❸3×3=9
- ❹3×4=12
- ❺3×5=15
- ❻3×6=18
- ❼3×7=21
- ❽3×8=24
- ❾3×9=27
- ❿3×2=6

2
- ❶15
- ❷18
- ❸21
- ❹3
- ❺6
- ❻9
- ❼12
- ❽21
- ❾24
- ❿27
- ⓫12
- ⓬9
- ⓭6
- ⓮3
- ⓯27
- ⓰24
- ⓱21
- ⓲18
- ⓳15
- ⓴12

3
- ❶3×2=6
- ❷3×6=18
- ❸3×8=24
- ❹3×1=3
- ❺3×3=9
- ❻3×5=15
- ❼3×9=27
- ❽3×7=21
- ❾3×4=12
- ❿3×6=18

4
- ❶6
- ❷12
- ❸18
- ❹24
- ❺3
- ❻9
- ❼15
- ❽21
- ❾27
- ❿24
- ⓫18
- ⓬12
- ⓭6
- ⓮27
- ⓯21
- ⓰15
- ⓱9
- ⓲3
- ⓳27
- ⓴24

10 3のだんの 九九(3) P.19・20

1
- ❶3×5=15
- ❷3×3=9
- ❸3×8=24
- ❹3×2=6
- ❺3×9=27
- ❻3×7=21
- ❼3×6=18
- ❽3×1=3
- ❾3×4=12
- ❿3×8=24

2
- ❶9
- ❷12
- ❸15
- ❹3
- ❺6
- ❻21
- ❼24
- ❽27
- ❾21
- ❿15
- ⓫9
- ⓬24
- ⓭18
- ⓮12
- ⓯9
- ⓰6
- ⓱3
- ⓲0
- ⓳6
- ⓴12

3

3
- ❶24
- ❷9
- ❸3
- ❹18
- ❺27
- ❻12
- ❼6
- ❽9
- ❾21
- ❿15
- ⓫24
- ⓬0
- ⓭27
- ⓮18
- ⓯15
- ⓰3
- ⓱12
- ⓲18
- ⓳9
- ⓴21

4
- ❶1
- ❷2
- ❸3
- ❹4
- ❺5
- ❻6
- ❼7
- ❽8
- ❾9
- ❿3

11 2〜3のだんの 九九 P.21・22

1
- ❶8
- ❷10
- ❸12
- ❹18
- ❺21
- ❻24
- ❼27
- ❽18
- ❾16
- ❿14
- ⓫12
- ⓬9
- ⓭6
- ⓮3
- ⓯2
- ⓰4
- ⓱6
- ⓲18
- ⓳15
- ⓴12

2
- ❶3
- ❷4
- ❸5
- ❹1
- ❺2
- ❻9
- ❼8
- ❽7
- ❾6
- ❿5

3
- ❶15
- ❷0
- ❸4
- ❹24
- ❺2
- ❻12
- ❼27
- ❽12
- ❾9
- ❿21
- ⓫8
- ⓬0
- ⓭10
- ⓮16
- ⓯6
- ⓰18
- ⓱3
- ⓲6
- ⓳14
- ⓴18

4
- ❶6
- ❷3
- ❸1
- ❹8
- ❺9
- ❻0
- ❼2
- ❽9
- ❾7
- ❿4

12 4のだんの 九九(1) P.23・24

1
- ❶20−24−28
- ❷24−28−32
- ❸28−32−36
- ❹32−36−40
- ❺36−40−44

2

> アドバイス よみながら かけました
> か。ここで 4のだんの 九九を
> しっかり おぼえて しまいましょう。

3
- ❶4
- ❷8
- ❸12
- ❹16
- ❺20
- ❻24
- ❼28
- ❽32
- ❾36
- ❿8

4
- ❶4
- ❷8
- ❸12
- ❹16
- ❺20
- ❻24
- ❼28
- ❽32
- ❾36
- ❿12
- ⓫20
- ⓬28
- ⓭36
- ⓮8
- ⓯16
- ⓰24
- ⓱32

13

4のだんの　九九(2) P.25・26

1
①4×1=4　⑥4×6=24
②4×2=8　⑦4×7=28
③4×3=12　⑧4×8=32
④4×4=16　⑨4×9=36
⑤4×5=20　⑩4×3=12

2
①20　⑧28　⑮36
②24　⑨32　⑯32
③28　⑩36　⑰28
④4　⑪16　⑱24
⑤8　⑫12　⑲20
⑥12　⑬8　⑳16
⑦16　⑭4

3
①4×3=12　⑥4×9=36
②4×6=24　⑦4×4=16
③4×8=32　⑧4×7=28
④4×2=8　⑨4×5=20
⑤4×1=4　⑩4×6=24

4
①8　⑧28　⑮28
②16　⑨36　⑯20
③24　⑩32　⑰12
④32　⑪24　⑱4
⑤4　⑫16　⑲16
⑥12　⑬8　⑳32
⑦20　⑭36

4のだんの　九九(3) P.27・28

1
①4×8=32　⑥4×7=28
②4×3=12　⑦4×6=24
③4×4=16　⑧4×1=4
④4×2=8　⑨4×4=16
⑤4×9=36　⑩4×5=20

2
①12　⑧36　⑮12
②16　⑨28　⑯8
③20　⑩20　⑰4
④4　⑪12　⑱0
⑤8　⑫32　⑲8
⑥28　⑬24　⑳16
⑦32　⑭16

3
①28　⑧4　⑮20
②8　⑨36　⑯4
③20　⑩24　⑰16
④36　⑪12　⑱24
⑤32　⑫20　⑲12
⑥0　⑬8　⑳32
⑦16　⑭28

4
①1　⑥6
②2　⑦7
③3　⑧8
④4　⑨9
⑤5　⑩6

15

5のだんの　九九(1) P.29・30

1
①25−30−35
②30−35−40
③35−40−45
④40−45−50
⑤45−50−55

2
アドバイス　よみながら　かけました
か。ここで　5のだんの　九九を
しっかり　おぼえて　しまいましょう。

3
①5　⑥30
②10　⑦35
③15　⑧40
④20　⑨45
⑤25　⑩15

4
①5　⑦35　⑬45
②10　⑧40　⑭10
③15　⑨45　⑮20
④20　⑩15　⑯30
⑤25　⑪25　⑰40
⑥30　⑫35

5のだんの　九九(2) P.31・32

1
①5×1=5　⑥5×6=30
②5×2=10　⑦5×7=35
③5×3=15　⑧5×8=40
④5×4=20　⑨5×9=45
⑤5×5=25　⑩5×3=15

2
①25　⑧35　⑮45
②30　⑨40　⑯40
③35　⑩45　⑰35
④5　⑪20　⑱30
⑤10　⑫15　⑲25
⑥15　⑬10　⑳20
⑦20　⑭5

3
①5×3=15　⑥5×9=45
②5×6=30　⑦5×4=20
③5×8=40　⑧5×7=35
④5×2=10　⑨5×5=25
⑤5×1=5　⑩5×6=30

4
①10 ⑧35 ⑮35
②20 ⑨45 ⑯25
③30 ⑩40 ⑰15
④40 ⑪30 ⑱5
⑤5 ⑫20 ⑲20
⑥15 ⑬10 ⑳40
⑦25 ⑭45

17 5のだんの 九九(3) P.33・34

1
①5×8=40 ⑥5×7=35
②5×3=15 ⑦5×6=30
③5×4=20 ⑧5×1=5
④5×2=10 ⑨5×4=20
⑤5×9=45 ⑩5×5=25

2
①15 ⑧45 ⑮15
②20 ⑨35 ⑯10
③25 ⑩25 ⑰5
④5 ⑪15 ⑱0
⑤10 ⑫40 ⑲10
⑥35 ⑬30 ⑳20
⑦40 ⑭20

3
①35 ⑧5 ⑮25
②10 ⑨45 ⑯5
③25 ⑩30 ⑰20
④45 ⑪15 ⑱30
⑤40 ⑫25 ⑲15
⑥0 ⑬10 ⑳40
⑦20 ⑭35

4
①1 ⑥6
②2 ⑦7
③3 ⑧8
④4 ⑨9
⑤5 ⑩3

18 4～5のだんの 九九 P.35・36

1
①20 ⑧45 ⑮5
②25 ⑨40 ⑯10
③30 ⑩35 ⑰15
④24 ⑪30 ⑱24
⑤28 ⑫12 ⑲20
⑥32 ⑬8 ⑳16
⑦36 ⑭4

2
①3 ⑥9
②4 ⑦8
③5 ⑧7
④1 ⑨6
⑤2 ⑩5

3
①20 ⑧30 ⑮8
②0 ⑨12 ⑯45
③10 ⑩28 ⑰4
④32 ⑪20 ⑱15
⑤5 ⑫0 ⑲35
⑥16 ⑬25 ⑳24
⑦36 ⑭40

4
①6 ⑥4
②3 ⑦2
③1 ⑧0
④8 ⑨7
⑤9 ⑩9

19 2～5のだんの 九九 P.37・38

1
①4 ⑭16
②8 ⑮24
③12 ⑯32
④10 ⑰20
⑤14 ⑱28
⑥18 ⑲36
⑦9 ⑳40
⑧15 ㉑30
⑨21 ㉒20
⑩12 ㉓45
⑪18 ㉔35
⑫24 ㉕25
⑬8

2
①18 ⑭45
②24 ⑮16
③28 ⑯24
④30 ⑰35
⑤10 ⑱32
⑥12 ⑲27
⑦12 ⑳12
⑧10 ㉑36
⑨21 ㉒15
⑩20 ㉓14
⑪6 ㉔40
⑫16 ㉕18
⑬0

20 6のだんの 九九(1) P.39・40

1
①30—36—42
②36—42—48
③42—48—54
④48—54—60
⑤54—60—66

2 アドバイス よみながら かけました
か。ここで 6のだんの 九九を
しっかり おぼえて しまいましょう。

3
①6 ⑥36
②12 ⑦42
③18 ⑧48
④24 ⑨54
⑤30 ⑩12

4
①6 ⑦42 ⑬54
②12 ⑧48 ⑭12
③18 ⑨54 ⑮24
④24 ⑩18 ⑯36
⑤30 ⑪30 ⑰48
⑥36 ⑫42

21 6のだんの 九九(2) P.41・42

1
①6×1=6 ⑥6×6=36
②6×2=12 ⑦6×7=42
③6×3=18 ⑧6×8=48
④6×4=24 ⑨6×9=54
⑤6×5=30 ⑩6×3=18

2
①30 ⑧42 ⑮54
②36 ⑨48 ⑯48
③42 ⑩54 ⑰42
④6 ⑪24 ⑱36
⑤12 ⑫18 ⑲30
⑥18 ⑬12 ⑳24
⑦24 ⑭6

3
①6×3=18 ⑥6×9=54
②6×6=36 ⑦6×4=24
③6×8=48 ⑧6×7=42
④6×2=12 ⑨6×5=30
⑤6×1=6 ⑩6×8=48

4
①12 ⑧42 ⑮42
②24 ⑨54 ⑯30
③36 ⑩48 ⑰18
④48 ⑪36 ⑱6
⑤6 ⑫24 ⑲24
⑥18 ⑬12 ⑳48
⑦30 ⑭54

22 6のだんの 九九(3)　P.43・44

1
①6×5=30 ⑥6×7=42
②6×3=18 ⑦6×6=36
③6×4=24 ⑧6×1=6
④6×2=12 ⑨6×8=48
⑤6×9=54 ⑩6×5=30

2
①18 ⑧54 ⑮18
②24 ⑨42 ⑯12
③30 ⑩30 ⑰6
④6 ⑪18 ⑱0
⑤12 ⑫48 ⑲12
⑥42 ⑬36 ⑳24
⑦48 ⑭24

3
①42 ⑧6 ⑮30
②12 ⑨54 ⑯6
③30 ⑩36 ⑰24
④54 ⑪18 ⑱36
⑤48 ⑫30 ⑲18
⑥0 ⑬12 ⑳48
⑦24 ⑭42

4
①1 ⑥6
②2 ⑦7
③3 ⑧8
④4 ⑨9
⑤5 ⑩3

23 7のだんの 九九(1)　P.45・46

1
①35−42−49
②42−49−56
③49−56−63
④56−63−70
⑤63−70−77

2
アドバイス よみながら かけました か。ここで 7のだんの 九九を しっかり おぼえて しまいましょう。

3
①7 ⑥42
②14 ⑦49
③21 ⑧56
④28 ⑨63
⑤35 ⑩21

4
①7 ⑦49 ⑬63
②14 ⑧56 ⑭14
③21 ⑨63 ⑮28
④28 ⑩21 ⑯42
⑤35 ⑪35 ⑰56
⑥42 ⑫49

24 7のだんの 九九(2)　P.47・48

1
①7×1=7 ⑥7×6=42
②7×2=14 ⑦7×7=49
③7×3=21 ⑧7×8=56
④7×4=28 ⑨7×9=63
⑤7×5=35 ⑩7×4=28

2
①35 ⑧49 ⑮63
②42 ⑨56 ⑯56
③49 ⑩63 ⑰49
④7 ⑪28 ⑱42
⑤14 ⑫21 ⑲35
⑥21 ⑬14 ⑳28
⑦28 ⑭7

3
①7×3=21 ⑥7×9=63
②7×6=42 ⑦7×4=28
③7×8=56 ⑧7×7=49
④7×2=14 ⑨7×5=35
⑤7×1=7 ⑩7×8=56

4
①14 ⑧49 ⑮49
②28 ⑨63 ⑯35
③42 ⑩56 ⑰21
④56 ⑪42 ⑱7
⑤7 ⑫28 ⑲28
⑥21 ⑬14 ⑳56
⑦35 ⑭63

25 7のだんの 九九（3）

P.49・50

1
❶7×5＝35　　❻7×7＝49
❷7×3＝21　　❼7×6＝42
❸7×4＝28　　❽7×1＝7
❹7×2＝14　　❾7×8＝56
❺7×9＝63　　❿7×5＝35

2
❶21　❽63　⓯21
❷28　❾49　⓰14
❸35　❿35　⓱7
❹7　⓫21　⓲0
❺14　⓬56　⓳14
❻49　⓭42　⓴28
❼56　⓮28

3
❶49　❽7　⓯35　　4 ❶1　❻6
❷14　❾63　⓰7　　　❷2　❼7
❸35　❿42　⓱28　　　❸3　❽8
❹63　⓫21　⓲42　　　❹4　❾9
❺56　⓬35　⓳21　　　❺5　❿4
❻0　⓭14　⓴56
❼28　⓮49

26 6〜7のだんの 九九

P.51・52

1
❶24　❽54　⓯6　　2 ❶3　❻9
❷30　❾48　⓰12　　❷4　❼8
❸36　❿42　⓱18　　❸5　❽7
❹42　⓫36　⓲42　　❹1　❾6
❺49　⓬21　⓳35　　❺2　❿5
❻56　⓭14　⓴28
❼63　⓮7

3
❶35　❽36　⓯14　　4 ❶6　❻4
❷0　❾21　⓰54　　　❷8　❼2
❸12　❿49　⓱7　　　❸1　❽0
❹56　⓫24　⓲18　　　❹3　❾7
❺6　⓬0　⓳42　　　❺9　❿9
❻28　⓭30　⓴42
❼63　⓮48

27 2〜7のだんの 九九

P.53・54

1
❶18　⓮35　　2 ❶14　⓮20
❷14　⓯25　　❷6　⓯18
❸10　⓰15　　❸32　⓰0
❹6　⓱12　　❹25　⓱20
❺24　⓲24　　❺54　⓲49
❻18　⓳36　　❻28　⓳24
❼12　⓴48　　❼12　⓴18
❽6　㉑7　　❽12　㉑24
❾32　㉒21　　❾42　㉒15
❿24　㉓35　　❿15　㉓7
⓫16　㉔49　　⓫45　㉔24
⓬8　㉕63　　⓬21　㉕12
⓭45　　　　　⓭16

28 8のだんの 九九（1）

P.55・56

1
❶40－48－56
❷48－56－64
❸56－64－72
❹64－72－80
❺72－80－88

2
アドバイス　よみながら　かけました
か。ここで　8のだんの　九九を
しっかり　おぼえて　しまいましょう。

3
❶8　❻48　　4 ❶8　❼56　⓭72
❷16　❼56　　❷16　❽64　⓮16
❸24　❽64　　❸24　❾72　⓯32
❹32　❾72　　❹32　❿24　⓰48
❺40　❿24　　❺40　⓫40　⓱64
　　　　　　　❻48　⓬56

29 8のだんの 九九（2）

P.57・58

1
❶8×1＝8　　❻8×6＝48
❷8×2＝16　　❼8×7＝56
❸8×3＝24　　❽8×8＝64
❹8×4＝32　　❾8×9＝72
❺8×5＝40　　❿8×4＝32

2
❶40　❽56　⓯72
❷48　❾64　⓰64
❸56　❿72　⓱56
❹8　⓫32　⓲48
❺16　⓬24　⓳40
❻24　⓭16　⓴32
❼32　⓮8

3
❶8×3=24　❻8×9=72
❷8×6=48　❼8×4=32
❸8×8=64　❽8×7=56
❹8×2=16　❾8×5=40
❺8×1=8　❿8×8=64

4
❶16　❽56　⓯56
❷32　❾72　⓰40
❸48　❿64　⓱24
❹64　⓫48　⓲8
❺8　⓬32　⓳32
❻24　⓭16　⓴64
❼40　⓮72

30　8のだんの　九九（3）　P.59・60

1
❶8×5=40　❻8×7=56
❷8×3=24　❼8×6=48
❸8×4=32　❽8×1=8
❹8×2=16　❾8×8=64
❺8×9=72　❿8×3=24

2
❶24　❽72　⓯24
❷32　❾56　⓰16
❸40　❿40　⓱8
❹8　⓫24　⓲0
❺16　⓬64　⓳16
❻56　⓭48　⓴32
❼64　⓮32

3
❶56　❽8　⓯40　**4**　❶1　❻6
❷16　❾72　⓰8　　　❷2　❼7
❸40　❿48　⓱32　　　❸3　❽8
❹72　⓫24　⓲48　　　❹4　❾9
❺64　⓬40　⓳24　　　❺5　❿4
❻0　⓭16　⓴64
❼32　⓮56

31　9のだんの　九九（1）　P.61・62

1
❶45−54−63
❷54−63−72
❸63−72−81
❹72−81−90
❺81−90−99

2
アドバイス　よみながら　かけました
か。ここで　9のだんの　九九を
しっかり　おぼえて　しまいましょう。

3
❶9　❻54
❷18　❼63
❸27　❽72
❹36　❾81
❺45　❿27

4
❶9　❼63　⓭81
❷18　❽72　⓮18
❸27　❾81　⓯36
❹36　❿27　⓰54
❺45　⓫45　⓱72
❻54　⓬63

32　9のだんの　九九（2）　P.63・64

1
❶9×1=9　❻9×6=54
❷9×2=18　❼9×7=63
❸9×3=27　❽9×8=72
❹9×4=36　❾9×9=81
❺9×5=45　❿9×4=36

2
❶45　❽63　⓯81
❷54　❾72　⓰72
❸63　❿81　⓱63
❹9　⓫36　⓲54
❺18　⓬27　⓳45
❻27　⓭18　⓴36
❼36　⓮9

3
❶9×3=27　❻9×9=81
❷9×6=54　❼9×4=36
❸9×8=72　❽9×7=63
❹9×2=18　❾9×5=45
❺9×1=9　❿9×3=27

4
❶18　❽63　⓯63
❷36　❾81　⓰45
❸54　❿72　⓱27
❹72　⓫54　⓲9
❺9　⓬36　⓳36
❻27　⓭18　⓴54
❼45　⓮81

33 9のだんの　九九(3)　P.65・66

1　①9×5=45　②9×3=27　③9×4=36　④9×2=18　⑤9×9=81　⑥9×7=63　⑦9×6=54　⑧9×1=9　⑨9×8=72　⑩9×4=36

2　①27　②36　③45　④9　⑤18　⑥63　⑦72　⑧81　⑨63　⑩45　⑪27　⑫72　⑬54　⑭36　⑮27　⑯18　⑰9　⑱0　⑲18　⑳36

3　①63　②18　③45　④81　⑤72　⑥0　⑦36　⑧9　⑨81　⑩54　⑪27　⑫45　⑬18　⑭63　⑮45　⑯9　⑰36　⑱54　⑲27　⑳72

4　①1　②2　③3　④4　⑤5　⑥6　⑦7　⑧8　⑨9　⑩2

34 8~9のだんの　九九　P.67・68

1　①36　②45　③54　④48　⑤56　⑥64　⑦72　⑧81　⑨72　⑩63　⑪54　⑫24　⑬16　⑭8　⑮9　⑯18　⑰27　⑱48　⑲40　⑳32

2　①3　②4　③5　④1　⑤2　⑥9　⑦8　⑧7　⑨6　⑩5

3　①40　②0　③18　④64　⑤9　⑥32　⑦72　⑧54　⑨24　⑩56　⑪36　⑫0　⑬45　⑭72　⑮16　⑯81　⑰8　⑱27　⑲63　⑳48

4　①6　②3　③9　④8　⑤1　⑥4　⑦7　⑧0　⑨2　⑩9

35 九九の　れんしゅう(1)　P.69・70

1　①6　②14　③12　④27　⑤12　⑥20　⑦28　⑧20　⑨30　⑩40　⑪18　⑫30　⑬42　⑭14　⑮28　⑯42　⑰56　⑱24　⑲40　⑳56　㉑72　㉒18　㉓36　㉔54　㉕72

2　①10　②9　③32　④35　⑤54　⑥28　⑦16　⑧54　⑨18　⑩20　⑪49　⑫45　⑬16　⑭12　⑮12　⑯72　⑰24　⑱24　⑲8　⑳24　㉑21　㉒14　㉓18　㉔45　㉕40

36 九九の　れんしゅう(2)　P.71・72

1　①8　②16　③9　④21　⑤32　⑥24　⑦16　⑧45　⑨35　⑩25　⑪24　⑫36　⑬48　⑭21　⑮35　⑯49　⑰63　⑱64　⑲48　⑳32　㉑16　㉒81　㉓63　㉔45　㉕27

2　①6　②32　③54　④40　⑤6　⑥35　⑦42　⑧36　⑨21　⑩16　⑪63　⑫12　⑬20　⑭36　⑮16　⑯15　⑰24　⑱24　⑲54　⑳5　㉑8　㉒63　㉓8　㉔42　㉕45

37 九九の　れんしゅう(3)　P.73・74

1　①21　②32　③5　④32　⑤63　⑥30　⑦28　⑧48　⑨36　⑩0　⑪56　⑫40　⑬27　⑭42　⑮64　⑯81　⑰15　⑱14　⑲40　⑳27　㉑49　㉒48　㉓24　㉔36　㉕12

2　①72　②42　③8　④16　⑤27　⑥30　⑦21　⑧56　⑨15　⑩24　⑪45　⑫32　⑬36　⑭63　⑮12　⑯20　⑰16　⑱42　⑲0　⑳54　㉑7　㉒32　㉓27　㉔30　㉕49

九九の れんしゅう(4) P.75・76

1
①56 ⑭42
②35 ⑮15
③32 ⑯14
④63 ⑰20
⑤48 ⑱12
⑥48 ⑲18
⑦30 ⑳64
⑧36 ㉑42
⑨12 ㉒63
⑩63 ㉓21
⑪24 ㉔54
⑫24 ㉕40
⑬72

2
①12 ⑭24
②18 ⑮40
③30 ⑯12
④15 ⑰30
⑤72 ⑱42
⑥63 ⑲56
⑦54 ⑳36
⑧25 ㉑48
⑨32 ㉒36
⑩18 ㉓56
⑪14 ㉔21
⑫16 ㉕81
⑬35

---

39 九九の れんしゅう(5) P.77・78

1
①24 ③48 ⑤63
②24 ④48 ⑥63

2
①3 ③7
②6 ④9

3
①2 ②2 ③3 ④3 ⑤4 ⑥5 ⑦6 ⑧7 ⑨8 ⑩9

4
①0 ⑤0 ⑨0
②0 ⑥0 ⑩0
③0 ⑦0
④0 ⑧0

5
①12 ⑤18 ⑨36
②12 ⑥18 ⑩36
③16 ⑦24
④16 ⑧24

6
①3×7, 7×3
②5×5
③3×8, 4×6, 6×4, 8×3
④4×9, 6×6, 9×4

---

40 九九の ひょう P.79・80

1

	1	2	3	4	5	6	7	8	9
1	1	2	3	4	5	6	7	8	9
2	2	4	6	8	10	12	14	16	18
3	3	6	9	12	15	18	21	24	27
4	4	8	12	16	20	24	28	32	36
5	5	10	15	20	25	30	35	40	45
6	6	12	18	24	30	36	42	48	54
7	7	14	21	28	35	42	49	56	63
8	8	16	24	32	40	48	56	64	72
9	9	18	27	36	45	54	63	72	81

2

	1	2	3	4	5	6	7	8	9
1	1	2	3	4	5	6	7	8	9
2	2	4	6	8	10	12	14	16	18
3	3	6	9	12	15	18	21	24	27
4	4	8	12	16	20	24	28	32	36
5	5	10	15	20	25	30	35	40	45
6	6	12	18	24	30	36	42	48	54
7	7	14	21	28	35	42	49	56	63
8	8	16	24	32	40	48	56	64	72
9	9	18	27	36	45	54	63	72	81

---

41 かけざんの れんしゅう(1) P.81・82

1

	1	2	3	4	5	6	7	8	9	10	11	12
2	2	4	6	8	10	12	14	16	18	20	22	24
3	3	6	9	12	15	18	21	24	27	30	33	36
4	4	8	12	16	20	24	28	32	36	40	44	48
5	5	10	15	20	25	30	35	40	45	50	55	60

2
①5
②2
③3
④6
⑤9
⑥2
⑦4
⑧5

3
①16 ⑦27 ⑬50
②18 ⑧30 ⑭55
③20 ⑨33 ⑮60
④22 ⑩36 ⑯80
⑤24 ⑪40 ⑰90
⑥26 ⑫44 ⑱99

4
①40 ⑤70 ⑨22
②44 ⑥77 ⑩33
③48 ⑦60 ⑪80
④20 ⑧66 ⑫55